# 这才是咖啡

COFFEE SOMMELIER

## 一颗咖啡豆的进化史

[意] 白星出版社　主编　　　曹井香　译

中国摄影出版传媒有限责任公司
China Photographic Publishing & Media Co., Ltd.
中国摄影出版社

咖啡一定是滚烫如地狱，

黝黑如恶魔，纯洁如天使，甜蜜如爱情。

——米哈伊尔·亚历山德罗维奇·巴枯宁（Mikhail Alexandrovich Bakunin）

撰文：路易吉·奥迪罗（Luigi Odello）

摄影：法比奥·佩特罗尼（Fabio Petroni）

食谱：乔瓦尼·罗吉尔里（Giovanni Ruggieri）

项目编辑：瓦勒丽亚·曼菲托·德·法比安尼斯
（Valeria Manferto De Fabianis）

编辑助理：劳拉·阿科马佐（Laura Accomazzo）

平面设计：玛丽亚·库奇（Maria Cucchi）

# 目 录 CONTENTS

第 6—7 页图:1855 年产维也纳咖啡机局部细节。
第 14—15 页图:古老的咖啡研磨机。

咖 啡

## 咖啡佳肴　　　　　　　　　　　192

# 咖 啡

**真**是不同凡响。是什么？你会问。答案当然是"咖啡"！咖啡为何如此不凡也不难解释。作为世界上最受欢迎的饮料之一，咖啡在 14 世纪左右首先在也门出现，并在那里得到栽培。但我们知道，在这之前一个世纪，咖啡这种植物就曾在其原产国埃塞俄比亚自然生长。我们不知道咖啡为什么需要如此漫长的时间才成为消费品，但我们十分清楚的是，在当今世界，咖啡已经成为国际市场上仅次于石油的第二大商品。我们每年喝掉大约 7000 亿杯咖啡，这些咖啡出自热带豆科植物带的 75 个国家中的 3000 多万个种植园所产的 70 多亿千克鲜咖啡。这些数字都如此巨大，想想看，在 1825 年，咖啡的年产量比现在低 90 倍，而且现在年产量还在不断增长。

这一世界性现象起源于一种叫"咖啡"（Coffea）的灌木，植物学家将其归入茜草科，它包含 90 多种不同的植物，仅其中两种就占据了世界咖啡总产量的大部分：阿拉比卡咖啡（Coffea Arabica）和卡内弗拉咖啡 [Coffea Canephora，俗称罗布斯塔（Robusta）咖啡 ]。由于自然变异，也部分由于人类的偏爱和种植技术的不断提高，这两个品种已成为超过 70 个咖啡品种的祖先。如果我们将这些品种乘以出产地域的变量（如气候、光照和土壤），那么咖啡的品种就会多得几乎跟葡萄的品种一样了。这还没完，还有不同的栽培方法、采收方法和咖啡豆加工技术的区分——即生长在大片的树林和广阔、有序的种植园中的自然生长的咖啡灌木，经过手工精选采摘、整枝脱粒，或强大的采摘机在种植园中一行行自动采摘——每种方法都会使杯中的咖啡给我们带来不同的感受。

咖啡还有另外一个特别的地方，通常，咖啡果的果肉都会被扔掉，我们真正利用的只是它的种子，也就是我们所知的咖啡豆。咖啡果实际上包含外皮、果肉和两粒（但有时只有一粒）种子（也就是咖啡豆），这两粒咖啡豆平的一面是紧贴着的。要生产我们所知道的咖啡，就必须将咖啡豆从果肉中分离出来。有三种不同的分离方法，每种方法得到不同的咖啡产品，即非水洗、半水洗和水洗咖啡。

一旦包裹着咖啡豆的羊皮纸和银皮被去除，咖啡豆就可以烘焙了。烘焙环节里有很多其他重要因素，也就是决定我们将从杯中啜饮的咖啡的口味和香气的变量：不同的工艺、时间点和温度将制出不同香气和风味的咖啡，从而给人们带来不同的感官体验。烘焙之后就要磨咖啡豆了，这又是一个重要的步骤，不过比不上冲泡环节：咖啡至少有 10 种完全不同的冲泡方法，各有各的特点。

总之，即使用尽一生，你也无法尝遍咖啡所能提供的不同品种。而且我们甚至还没有考虑过所有可能与咖啡组合的材料呢，也就是牛奶、酒等。

这就是为什么咖啡如此非同一般。

# 咖啡的种植地区和种植方法

## 咖啡树的种类

咖啡属包括一系列奇特的树种，但只有两个树种的果实适合人类食用：阿拉比卡咖啡树和卡内弗拉咖啡树，后者通常被称为罗布斯塔树。这是两种生长在迥异的气候条件和环境中的树种，而更重要的是，它们一经酿造，便会产出风格迥异的咖啡饮品。

### 罗布斯塔

与阿拉比卡咖啡树相比，卡内弗拉咖啡树不太普遍，也可能不太精致，但是它的生命力更强，尤其是抗虫性更好。也许这就是为什么在 1900 年它被命名为 "Robusta"（字面意思：强壮；习惯译名：罗布斯塔）的原因，就是为了表现它的坚韧品质。这种品质可以由罗布斯塔咖啡豆烘焙而成的咖啡里品尝到。与阿拉比卡咖啡相比，罗布斯塔咖啡更显苦涩且更加浓郁，因为它含有更高的咖啡因（2%—3.5%）和酚酸。自然生长的卡内弗拉咖啡树可以长到 7—13 米高，而人工培植的卡内弗拉树种明显要矮一些。它的叶片精致，呈椭圆形，特别是它那圆形的果实

尤其显眼。该植物通常在海拔 200—600 米的地域种植，因为它并不适应高海拔地带的温差，而是适应 24—29℃的恒温环境。作为地球上的第一批物种，该植物有 24 条染色体，异花授粉，因此需要借助外力才能实现授粉。

## 阿拉比卡

尽管当前罗布斯塔咖啡在全球市场上的传播速度加快，范围扩张，但是阿拉比卡咖啡无疑还是最普遍的品种，因为阿拉比卡咖啡树逐渐适应了不良的气候（因为气候变化，如今不适宜咖啡树生长的天气频现），也因为市场对低品质咖啡的需求正在上升。阿拉比卡树高可达 3—5 米，但在种植园里，为了方便果实采摘，其高度被限制在 2—3 米。它的树干光滑挺拔，树枝长而纤细，皮质叶片呈披针形。咖啡花的子房下部有两个胚珠，咖啡豆即由此发育而来。

阿拉比卡树种很容易适应不同的环境条件，不耐霜冻，喜欢季节变化，可以在海拔 900—2000 米的地域内生长，适应温度 15—24℃ 。与罗布斯塔相比，阿拉比卡品种的咖啡豆含有较少的咖啡因（0.7%—2%），较高的糖分和脂肪以及香气前体物质。这一系列特点使得阿拉比卡咖啡成为大多数咖啡爱好者的最爱。

阿拉比卡品种起源于已有物种的意外突变，其染色体变成 48 条，使得该植物能够进行自花传粉（尽管阿拉比卡品种也可以异花传粉，但发生率仅为 10%—20%）。

*The Coffee Tree.*

适宜酿酒的葡萄有成百上千种，所以在葡萄酒酿造的世界中，要给葡萄这种藤蔓植物做总体论述是非常困难的。对于咖啡来说也是如此，因为几个世纪以来，无论是自然生长的还是人工种植的，阿拉比卡咖啡和罗布斯塔咖啡杂交繁殖而产生了不同的亚种或新种。

然而，与葡萄属相比，咖啡属的情况更加复杂。因为在咖啡行业中，体系编研较少，并且往往以一个地区的名字命名咖啡的品种（这种情况肯定比在葡萄命名中更普遍），所以很难判断一个咖啡名称是指一个地域还是一个基因独特的品种。

下面介绍一些在咖啡生产工业中主要涉及的咖啡亚种，它们出自50多个阿拉比卡和20多个罗布斯塔咖啡家族品种。

**波旁（BOURBON）**是除了铁比卡品种以外，许多其他阿拉比卡品种的培育源头之一。波旁品种于18世纪在留尼汪岛被种植。留尼汪岛地处马达加斯加以东的东印度洋，过去被称作"波旁岛"。人工种植的波旁品种在19世纪后期流传到巴西，之后迅速蔓延至整个南美大陆。波旁品种虽然产量低，但是其咖啡豆备受赞扬。波旁品种的亚种包括红色、黄色和粉红色的波旁咖啡。

**卡蒂姆（CATIMOR）**是1959年在葡萄牙种植的杂交品种，用以抵抗一些可能对咖啡种植园造成损害的病原菌的入侵。卡蒂姆咖啡由卡杜拉品种和提莫品种杂交而成。提莫品种是阿拉比卡和罗布斯塔咖啡的天然杂交品种，首次出现在印度尼西亚群岛的帝汶岛上，它继承了罗布斯塔咖啡酸度低、苦味高、香气有限的特性，有时呈现出令人不愉悦的药草特性。

**卡图埃（CATUAI）**于20世纪50年代首先在巴西种植，源于卡杜拉和新世界咖啡的杂交品种。它的产量比卡杜拉略高，而且咖啡豆的品质一直很好。

**卡杜拉（CATURRA）**源于19世纪上半叶在巴西发现的波旁品种的自然变种。与其父辈相比，卡杜拉品种更加矮小，枝叶繁茂，质量更好，使其产量更高且易于处理。

哥伦比亚（COLOMBIA）是一种在与其同名的国家种植的抗叶片病原体杂交品种。

瑰夏（GEISHA）是一种以其品种起源地——名叫"瑰夏"的埃塞俄比亚村庄——来命名的品种。实际上，很少有人知道那个村庄，因为今天最有名气（且最昂贵），并具有很棒的感觉特性的瑰夏咖啡主要来自巴拿马。

象豆（MARAGOGYPE）是铁比卡的变种，它的叶片繁茂，种子硕大。

新世界（MUNDO NOVO）是巴西栽种最多的咖啡品种之一，最初源于 20 世纪 40 年代波旁咖啡和铁比卡咖啡的杂交品种，以产量高而闻名于世。

帕卡玛拉（PACAMARA）是一种萨尔瓦多混种（1958），由两种阿拉比卡品种——帕卡斯和象豆杂交而成。

帕卡斯（PACAS）是波旁的自然变种。

SL28 和 SL34 是 20 世纪 30 年代在肯尼亚的斯科特实验室培育的。这些品种的生长状况良好，所以生产出大量的咖啡豆，由它们制成的咖啡带有明显的柑橘味。

提莫（TIMOR）是由阿拉比卡和罗布斯塔自然形成的杂交品种，在 20 世纪 40 年代的帝汶岛开始种植。

铁比卡（TYPICA），也叫"迪比卡"（Tipica），是现存最原始的咖啡品种之一。它自也门开始传播，适应不同地域的气候，形成了科纳品种（夏威夷）和蓝山品种（牙买加）。它产量低，但质量高。

# 咖啡——跨越千年的旅行

大多数历史学家都赞同，埃塞俄比亚西南部古老的卡法（Kaffa）省是咖啡最初的发源地，最初出现的时间大概是过去一千年的早期几个世纪。第一批咖啡种植园位于海拔 1885 米的哈拉尔（Harar）。

我们尚不清楚咖啡经过如此漫长的时间才进入商店的货架成为日常消费品的原因。但就我们所知，咖啡的传播与成功，取决于由它的果实和种子制造的饮品所产生的生理效应。相传，一位牧羊人首先注意到这种生理效应，他看到自己的山羊吃了咖啡植物的叶片（它们也含有咖啡因）之后变得相当活跃。但是更有可能是因为人类的好奇心，促使某人寻找新的东西来吃，然后品尝了咖啡豆。不管怎样，咖啡都被视为大自然最慷慨的馈赠。

1899 年比利时画家马克·亨利·莫尼耶（Marc-Henri Meunier）为拉贾恩（Rajan）设计的许多咖啡海报之一。

阿拉比卡咖啡树的叶与花。

　　事实上，早在 14 世纪，也门就有了人工种植的咖啡，人们用其结出的果实制作能够提神解乏的饮品。

　　在接下来的两个世纪里，咖啡传遍了中东地区，几乎与伊斯兰教的传播保持一致。伊斯兰教禁止饮用酒精类饮品。人们在咖啡饮品中找到了替代品，赋予咖啡一种仪式感，从而将伊斯兰文化与基督教文化区分开来。一位朝圣者巴巴·布丹（Baba Budan）从麦加走私了 7 粒咖啡生豆，将咖啡传到印度的迈索尔地区。

　　在 17 世纪，一些荷兰人获得了一批种植在阿姆斯特丹植物园的咖啡幼苗，最终将它们移植到东印度群岛，开辟了爪哇和苏门答腊种植园。18 世纪初，法国军官加布里埃尔·德·克利（Gabriel de Clieu）奉命护送一株咖啡树的幼苗至马提尼克岛，该幼苗是阿姆斯特丹市长送给法王路易十四的礼物。最终他的任务圆满完成，这标志着新世界咖啡种植的开始：仅半个世纪之后，岛上就拥有了将近 2000 万株咖啡树。同一时期，英国人发现投资咖啡种植利润丰厚，并且在牙买加和印度种植咖啡。当然，英国人并不是唯一决定投资咖啡的欧洲人。法国也在圭亚那开拓了自己的咖啡种植园，不过并不走运。相传，一个名叫弗朗西斯科·德·梅洛·帕赫塔（Francisco de Melo Palheta）的葡萄牙人引诱了（法属圭亚那的）州长夫人，后者在 1727 年赠予他一些咖啡种子，后来他将种子带到巴西，成为世界上最大的咖啡生产地的开创者，因而名留青史。

　　1740 年咖啡被引入墨西哥，1784 年被引入委内瑞拉，几乎同年被引入哥伦比亚。19 世纪，非洲的咖啡种植急剧增加，种植区扩大到刚果、马达加斯加，甚至卢旺达、布隆迪和坦噶尼喀（当时德国在东非的殖民地）以及其他许多国家。

## 咖啡产地分布

　　全球有超过 75 个国家种植咖啡，除了少数几个国家，其他国家都位于南北回归线之间。咖啡的产地至关重要，是咖啡市场上的一种判别因素：消费者可以根据产地做出选择，尤其是那些游遍世界各地、品尝过各种咖啡的人。对他们而言，只有无与伦比的意式浓缩咖啡才更胜一筹，如果是经过认证的那就更好了。在某些情况下，咖啡的产地与咖啡独特的特性相匹配，这是因为特定的地域拥有独特的气候条件、独特的品种和变种，以及独特的生豆加工方法。但是在另一些情况下，咖啡的产地仅仅意味着尝新。

若请 100 个从巴西返回的人描述著名的巴西桑托斯（Santos）咖啡，将会得到 100 种答案。桑托斯只是咖啡所处港口的名字，所有运抵这个港口的咖啡都叫这个名字。这些咖啡来自于像一个大洲一样大的国家，因此包括了各种各样的咖啡。

作为世界上最大的咖啡生产国，巴西无疑是最显著的例子，但是位于赤道附近的其他咖啡生产国也是如此。咖啡按照产地命名——埃塞俄比亚、哥伦比亚或印度，只要是你能想得起来的，还可以增加更多——同一种名称下面包括了一系列非常不同的咖啡品种。当我们谈及一个相对较小的种植区，甚至是特定年份的单个种植园（庄园）时，情况就会不同了。在这种情况下，如果烘焙技术能保持稳定不变，那么咖啡品种、变种、土壤、气候的组合与一系列固定的文化元素搭配起来，更能保证咖啡独特的感官特性。

咖啡树种需要低温、低湿的气候条件，因此咖啡树只能在北纬 22° 和南纬 22° 之间的所谓"咖啡带"栽培。在这一地域范围里，不同的咖啡品种、土壤条件和栽培方式决定了各个国家在咖啡产量上的巨大差别。阿拉比卡咖啡喜有季节交替，在环境温度介于 15—23℃ 时生长迅速。罗布斯塔咖啡不适应气候变化，并且更适应 24—29℃ 的温度条件，比如赤道地带（北纬 10° 到南纬 10°）。环境条件对咖啡的感官特性影响极大。首先要区分高海拔地带和低海拔地带。阿拉比卡咖啡一般种植在海拔 900—2000 米的地域，而罗布斯塔咖啡在海拔 200—600 米的地域可以茁壮成长。

通常情况下，如果产地位于赤道附近，高品质咖啡产地的海拔临界线大概是海拔 1500 米左右，这意味着高于这个海拔高度，咖啡豆的重量会增加 [ 所谓的硬豆，例如极硬豆（SHB）和极高海拔豆（SHG）等 ]；越低于这个海拔，咖啡豆的密度降低得越多（软豆）。高海拔地区咖啡豆的密度较高，是不同的气候条件、光照时间以及热偏移共同作用的结果，这样的种子（未来的咖啡豆）含有较高浓度的脂肪、糖分和蛋白质。但是如果产地位于南北回归线附近，那么较低的海拔就可以满足上述条件，甚至可以低于海拔 900 米。

环境条件使得果实缓慢成熟，这样结出的种子含有高浓度的糖分、有机酸、氨基酸和脂肪，这些成分进一步合成芳香化合物前体。在后续的生豆加工和烘焙过程中，芳香化合物前体得到进一步增强（比如，产生带花香味的萜烯和二萜）。对最终产品有重要影响的因素还包括社会稳定性。在社会动荡时期，无法保证有效地管理咖啡种植与加工，导致对最终的产品产生负面影响。对照新近的咖啡史，我们可以发现许多这样的例子，曾经非常普遍且质量很好的咖啡品种——比如也门咖啡和刚果咖啡——现在几乎濒临绝迹。

咖啡的种植地区和种植方法

独特的气候使咖啡在哥伦比亚马尼萨莱斯的山区种植成为可能。

咖啡的种植地区和种植方法

然而在未来，我们可能会饮用到与我们现在习以为常的咖啡完全不同的咖啡饮料，我们甚至无法察觉这种变化发生的原因。情况非常复杂，不过我们试着分析一下重点。气候变化正在导致全球变暖，从而使阿拉比卡咖啡向更高的海拔或者远离赤道的地区推进，因为那里气温较低，可以避免病原体破坏咖啡树木。在温暖的气候条件下，病原体传播的毒性更强，而咖啡树木却没什么抵抗力。很不幸，阿拉比卡品种不论在哪都无法避免病原体的侵袭，唯一的解决方案是培育具备抵抗力的杂交品种，但是这样会牺牲阿拉比卡咖啡的某些特性，而这些特性恰恰是咖啡爱好者喜欢这种咖啡的原因。在哥伦比亚种植的咖啡已经有 80% 是卡蒂姆品种，这种咖啡具有很强的抵抗力，但是总有去不掉的木头味。在巴西，罗布斯塔咖啡也有一些新品种，它们能够在亚马逊河流域种植，为咖啡培植开辟了新领地。由此，种植园大规模扩展，每公顷的平均产量超过 7000 千克，但是出品的咖啡感官特性不明显。

另外一个必须考虑的因素是新生产国的加入。比如中国已经向市场供给了 100 万袋咖啡（超过 6000 万千克）。另外，一些生产高质量咖啡的国家——如印度和墨西哥——的咖啡出口率下降了，因为其国内对咖啡的消费在不断增长。看来，生活水平的提高会引起咖啡的消费量相比其他饮料有更高的增长，导致市场上优质咖啡进一步减少。一旦采用了新的加工方法，非洲咖啡，尤其是卡内弗拉咖啡，还能够为咖啡市场带来一线希望。

事实上，另外可能导致咖啡的感官特性发生明显变化的因素是核果选取和生豆处理方法的改变——对酿制方法要求苛刻的意式咖啡尤其如此。手工采摘可以确保只摘取成熟的咖啡果，但这种方法实际上正在消失。其结果就是，80% 的果实含糖量较低。然而要生产绝佳的咖啡，需要完全成熟的、含有高糖分的核果。这就是根据不同的目的和不同的质量标准摘取核果的原因，和葡萄酒行业选用葡萄所遇到的问题如出一辙。

另一方面，由于技术对于环境的重要影响，目前湿法加工咖啡的工艺正在减少，尽管这种加工方法可以带来新鲜的果香或花香，而且咖啡自然烘干的时间也越来越短。这种趋势对咖啡质量的危害很大，因为时间短，核果的内源发酵来不及发生，而且早期的杀菌剂抑制了生产芳香化合物前体的酶的活性。这就是巴西在实验时使用间歇式干燥器的原因，这样可以在细菌失去活性之前，使得胚胎得到足够的发育。

经过上面一番考察，现在我们来看看那些最重要的咖啡原产地（根据咖啡生产的数量或者产品的稀有程度来选择），或者那些我们经常在产品包装上看到的咖啡生产地。

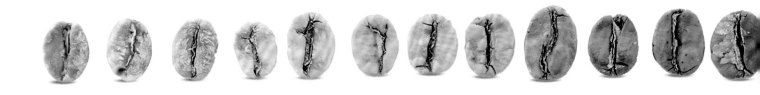

### 巴西 摩吉安娜（MOGIANA）

摩吉安娜地区生产的咖啡质量在巴西数一数二，通常以桑托斯咖啡之名出口，因为桑托斯历来是巴西咖啡出口的主要港口。该地区位于圣保罗州，与米纳斯吉拉斯州接壤。港口被分为3个区，分别叫作高、中、低摩吉安娜。前两者是纯天然的阿拉比卡咖啡产区，因咖啡质量绝佳而闻名世界，咖啡醇度良好，酸度均衡，伴有独特的可可和巧克力香味。

摩吉安娜保利斯塔（Paulista）气候温和，平均气温20℃，年均降水量1700毫米，降水集中在春秋两季，5月至9月不会下雨，这期间有利于收获咖啡，晾干核果。

因为含铁量高，所以摩吉安娜的砂质土壤呈红色，海拔750—1200米。卡图埃和新世界这两种咖啡是这里常见的品种，一般5—9月采收。如今越来越多地使用机械采摘，而且种植咖啡的山坡平缓，形状规则，有利于机械采摘。不论是人工采摘，还是机械采摘，收获的果实按照干燥的方法（稍后介绍）放置在地面上晾晒，并且在农场里分层堆放，每天翻转13次以防止异常发酵。有时也会用烘焙箱，但是与自然晾干的效果大不相同，因为烘焙箱阻碍了酶的有效作用的发挥。

### 喀麦隆 超级罗布斯塔咖啡（ROBUSTA GG SUPERIOR）

在喀麦隆这个西非国家，尤其是在埃博洛瓦（Ebolowa），雨季从7月一直持续到11月，环境清新。海拔700米左右的土壤与火山岩土壤非常相似，这里种的是来自扎伊尔的罗布斯塔咖啡变种。从12月到次年2月，核果被逐一挑选，然后经过自然加工获取咖啡豆。咖啡豆经过烘焙就会很好地保持其品种的特性：醇度好、酸度低，带有烤面包、可可粉、巧克力和草木灰香气。因此，这也是口感最纯的罗布斯塔咖啡品种之一。

### 哥伦比亚梅德林 苏帕摩（SUPREMO）

19世纪，由法属安的列斯群岛传到委内瑞拉的咖啡，传播到哥伦

比亚，经过 20 世纪的发展，哥伦比亚成为世界第二大咖啡生产国和湿法加工阿拉比卡咖啡的第一大国。在安第斯山脚下的梅德林地区，海拔高度大约 1600 米，咖啡种植园蓬勃发展，逐渐成为哥伦比亚最好的咖啡产地。

这里属于亚热带气候，湿润、通风较好，年平均降水量 1650 毫米，年平均气温 22℃，气温波动范围为 16—37℃。这里的土壤主要是火山岩土壤，种植着许多古老的和新近的咖啡品种。咖啡一年收两茬，4—5 月有一茬，10—12 月又有一茬大收，都是在果实成熟时由人工采摘的。咖啡产量相对较低，每公顷产量 7000 多千克。生豆采用湿法加工处理，先发酵除去果肉，再晒干种子。

尽管是湿法加工的咖啡，但是哥伦比亚梅德林的苏帕摩咖啡醇度很好，酸度较低，伴有新鲜水果、巧克力、烤面包、饼干和核桃的香气（这种香气有时非常突出）。

### 哥斯达黎加 塔拉朱（TARRAZU）极硬咖啡豆

咖啡在 18 世纪由古巴的安的列斯群岛传播到哥斯达黎加。这里的塔拉朱非常适合种植这种作物（塔拉朱分为 3 个区：圣马科斯、圣洛伦索和圣卡洛斯），产出的咖啡质量非常高。

该地区有两个时节：5—11 月是雨季（平均降雨量 2400 毫米），12 月至次年 4 月是旱季。气温介于 17—28℃ 之间，平均气温 19℃。土壤是火山岩土壤，含有丰富的腐殖质和矿物质，海拔 1200—1900 米（因此达到了种植极硬豆的海拔底线）。

在这里，卡杜拉和卡图埃咖啡是种植最多的品种（这两种咖啡使用的都是极硬阿拉比卡咖啡豆，因为哥斯达黎加禁止栽种罗布斯塔咖啡），它们生长在高大树木的阴凉下。旱季采收核果，用湿法加工去除果肉，然后露天在地上或者垫子上晒干。这样处理的咖啡豆密度高、有光泽、饱满，呈蓝绿色。

以适当的方式烘焙这种咖啡豆能够产出一种好喝又上档次的咖啡

饮品、干爽、略带苦涩，酸度良好，伴有浓郁、清新的干果香味，有时还带有香醋和香料的香味。

### 埃塞俄比亚 耶加雪菲（YIRGACHEFFE）

　　这是一种著名的咖啡，产自海拔 1900 米的耶加雪菲所处的基迪欧地区。这里的阿拉比卡咖啡种植园坐落在海拔 1700—2500 米的地方。土壤是火山岩土壤，富含矿物质，而且不易积水。在有些地方，咖啡树长在大树下；在另一些地方，咖啡树直接暴露在阳光下。由于海拔高，这一地区的空气比较清新。核果经过湿法加工处理，因此咖啡果在被去除果肉和干燥（通常是晾晒）之后发酵。

　　经过烘焙，耶加雪菲咖啡的醇度很淡，酸度浓烈，伴有令人难以置信的复杂气味：丰富的热带水果香味（主要是椰子和橘子），以及烤面包、饼干、巧克力的味道，有时还会有榛子的香味。

### 埃塞俄比亚 西达摩（SIDAMO）

　　这种咖啡来自咖啡的诞生地——距离卡法不足 150 千米的斯达玛人的聚居地。

　　西达摩咖啡种植园位于海拔 1800 米处肥沃的火山高地上，这里平均气温 27℃，2—4 月降雨量最多（年均 600—2000 毫米）。这一地区的阿拉比卡咖啡果实的生长期很长，在 8—12 月成熟，通常由人工采摘，采用湿法加工处理，咖啡豆较小，颜色呈灰色。品鉴时，这种咖啡彰显了典型的湿法加工处理的优越品质，醇度淡爽，不带苦涩的味道，而且酸度良好，香气浓度很高。这股香气非常复杂：先是花朵、蜂蜜、柑橘和热带水果的味道，而后是伴有淡淡的香料香气的干果味道，有时还伴有野生动物的气味，以增加香气的深邃和丰富感。

### 危地马拉安提瓜 帕斯托雷斯（PASTORES）

　　危地马拉的安提瓜帕斯托雷斯咖啡种植园是耶稣会士在 18 世纪建造

的，目前坐落在距离危地马拉骑士城安提瓜不远处的一座在火山作用下形成的山坡上，海拔 1500—1800 米。安提瓜在 16 世纪曾是危地马拉的首都。

这里森林茂密，增加了火山岩土壤的肥沃程度，且为咖啡树提供了足够的阴凉。种植园里培育了古老的波旁品种和铁比卡品种，还有最新的卡图埃品种。咖啡果在 8—9 月成熟，仍然经常使用人工采摘，然后去除果肉并发酵，再露天晾晒。

在危地马拉所产的咖啡中，安提瓜帕斯托雷斯咖啡是最好的品种之一：在烘焙时，咖啡豆的延展性较强，这使得其保持了良好的酸度，并伴有高度复杂浓郁的香气。这种香气包含了浓郁花香、新鲜的果香、经过深度烘烤（面包与可可）的味道，以及甘草与茴香的味道。

## 海地 乔松林（BLUE PINE FOREST）

这个品种来自海地岛的东南部地区塞奥特，这里最著名的咖啡产区的平均气温是 25℃，旱季在 11 月至次年 5 月之间，随后便是雨季。白天和夜间温差显著，这使得咖啡豆中生成了一种有价值的香气。这里的种植园主要种植一些常见的咖啡品种，咖啡树生长在海拔 1600 米的黏质土壤中。核果采用湿法烘焙，经过专业烘焙，品尝时会明显闻到糕点（焦糖、饼干）和干果（尤其是杏仁）的味道。

## 夏威夷 科纳（KONA）

夏威夷有 5 座火山，其中 2 座（霍阿拉莱火山和莫纳罗亚火山）提供了一种特别适合咖啡生长的土壤，尤其是在气候干燥的岛屿西侧（降雨量每年只有几百毫米左右），平均气温 25℃，而且全年气温波动幅度很小。源自土壤的熔岩属于玄武岩类型，而阿拉比卡咖啡生长在岩石的洞中。这些植株在 2 月开始快速生长，第一批果实在 8 月到次年 2 月成熟。核果收获之后，采用湿法加工处理，去除果肉之后，发酵 36—48 小时，然后放在涂满 "Hoshidana" 的干燥甲板上晾晒一到两周。用经过精心烘焙的咖啡豆制成的咖啡非常甘淳，带有淡淡的草本的味道（有时可能是薄荷味），还伴有最常见的焦糖、麦芽、干果和胡椒的味道。

## 印度 迈索尔（MYSORE）种植园

自从 1670 年以来，印度迈索尔种植园的咖啡一直在迈索尔半岛西南部地区栽培，这一区域位于克达古山区和卡纳塔卡克邦之间。该地区的年降雨量为 1750—2200 毫米，特殊年份能够达到 3000 毫米，降雨仅限于 7 月、8 月和 11 月。平均气温 15℃，最低气温 11℃，4—5 月温度最高，可达 28℃。咖啡种植园位于海拔 1000—1500 米的地域。种植园里大部分是考威咖啡，它是卡蒂姆咖啡的近亲，属于阿拉比卡品种，生长在枝叶繁茂的大树下面。果实收获期为 10 月至次年 2 月，每公顷产量约为 3000 千克。果实收获后，采用湿法加工处理核果，干燥之后就能得到咖啡豆了。品鉴时，这款咖啡呈现出淡淡的醇度，伴有类似糕点和香料的独特香气。

## 牙买加 蓝山（BLUE MOUNTAIN）

这种咖啡的名字来自牙买加高山，海拔高达 2453 米。该地区包括多个小气候区，降雨量充沛（年均降雨量 5000—7000 毫米），并且该地区的火山岩土壤含有丰富的氮、磷、钾和各种微量元素。

"蓝山"这一品名标识了圣托马斯、圣安德鲁和波特兰 3 个地区生产的阿拉比卡和铁比卡咖啡。咖啡生产过程非常缓慢，咖啡果可能需要漫长的 10 个月的时间才能成熟。果实在夏季采摘（直到 8 月），然后采用湿法加工处理，去除果肉，干燥，长时间发酵（时间甚至超过 1 个月），并且要仔细晾干。然后把这种咖啡豆储存在特定的橡木桶里出售，以便和其他所有的咖啡豆区别开来。

蓝山咖啡非常出名，据说它是世界上品质最完美的咖啡。在恰当地烘焙之后，蓝山咖啡虽然有一定的酸度，但是口感丝滑，并且混合了柑橘类水果、杏仁、香草、巧克力和烟草的香味。

咖啡的种植地区和种植方法

## 肯尼亚 大颗粒咖啡豆（AA）

在肯尼亚山周围海拔 1300—2100 米的梯田地区的酸性火山岩土壤中，种植着阿拉比卡咖啡树。咖啡树生长在高大的香蕉树下以避免阳光直射。咖啡果实在 6—8 月开始成熟采摘，大批量的采摘集中在 10—12 月。

用湿法加工去除果实的果皮和果肉，然后将咖啡豆放在水泥地面或者农场的地面上晾干。肯尼亚咖啡（AA 表示大颗粒咖啡豆）是世界上最具柑橘味和花香的咖啡之一（有时甚至可以品尝到玫瑰的味道）。这种咖啡酸性显著，散发出一种混合了青苹果和鲜果的香气。

## 麝香猫（KOPI LUWAK）

在爪哇、苏门答腊和苏拉威西岛生活着一种小型哺乳动物，一种在印度尼西亚被称作"鲁瓦克"（椰子狸）的亚洲棕榈果狸。这种果狸非常喜欢食用咖啡核果，而且这种动物非常挑剔，只吃非常成熟的核果，从中摄取足够的能量（果肉的含糖量高达 25%）、维生素和矿物质。果狸胃肠道里的化学和生物反应消化了大部分果肉，但是富含活性嗅觉分子的种子随着粪便排出体外。当地居民收集这种粪便，然后将其烘干，取出并干燥其中的咖啡豆，用来制作世界上最昂贵的咖啡之———猫屎咖啡。

前面提及的岛屿都生产阿拉比卡和罗布斯塔咖啡，具体种植哪一种则根据种植园的海拔高度决定。

猫屎咖啡因其稀有而闻名于世，这种咖啡略带苦涩，伴有丰富的香味，主要是清新的干果（一般是榛子）、糕点、香料以及一点点猫屎的味道。猫屎咖啡并不总是物有所值，事实上，今天为了生产这种咖啡，饲养并且强制喂食这种哺乳动物的行为已经引起了一些争议。

## 墨西哥 科特佩克（COATEPEC）

这种咖啡产自墨西哥的科特佩克地区。该地区气候湿润（年均降雨量 1900 毫米），尤其 6—10 月降雨量较大，气温为 9—30℃。

咖啡种植园海拔高度为1300—1500米，咖啡树生长的土壤有的富含有机元素，有的富含矿物质。这个山区生长的咖啡有两种阿拉比卡咖啡，还有铁比卡和平白咖啡。这些产自高原的咖啡与许多药材一起生长在大树下，能够避免病原体的侵害。从11月到次年1月是采收期，咖啡豆经过适当筛选后直接露天晾晒。

这些咖啡豆经过适当的烘焙所制成的咖啡自然含有非常好的醇度，几乎不含酸性，并且伴有干果、烤面包、巧克力的香味，有时还会有一丝辛辣（胡椒）的味道。

## 墨西哥 象豆（MARAGOGYPE）

在墨西哥恰帕斯州北部海拔800—1400米的干旱区域，气温在15—35℃波动。这里出产的咖啡豆是世界上最大的咖啡豆之一：铁比卡的变种——象豆。象豆咖啡属于阿拉比卡咖啡，是普通咖啡豆的2倍甚至3倍大小。

由于咖啡因的含量低，这种略带苦涩且非常清新的象豆咖啡伴有一种混合了苹果、香蕉、蜂蜜、巧克力、茶和烟草的醇香味道。

## 印度 季风马拉巴（MONSOONED MALABAR）

这种咖啡诞生于印度。种植区域海拔为1100—1200米，平均气温为25—28℃，6—11月降雨丰沛（可达2000毫米）。在这片区域，肯特和卡图埃咖啡的核果的成熟期在11月到次年2月。一旦收获核果，经过干燥处理，就将核果在季风里晾晒3—4个月。季风使得这种咖啡独一无二。

印度西南海岸的季风非常强烈而且频繁。将咖啡豆暴露在印度西南海岸的季风中的想法产生于以前从印度经由好望角向欧洲运输咖啡豆时的发现。经过这般晾晒的咖啡豆，颜色由绿变黄，而且在烘焙时，咖啡豆呈现出更好的平衡性，而且伴有独特的迷人香气。这种加工方法后来得到了推广，人们将咖啡豆暴露在从马拉巴海岸吹来的潮湿的季风中。

季风马拉巴咖啡，尤其是用来制作浓缩咖啡时，由于咖啡豆酸度低，同时兼有干果、巧克力等的浓烈香气，使得咖啡液更加醇厚。当然，某些情况下，如果发酵不完全，这种咖啡会散发出一种类似于奶制品发霉的味道。

### 尼泊尔 珠峰（MOUNT EVEREST SUPREME）咖啡

珠穆朗玛峰不仅是世界第一高峰，也是北回归线以北少数几个适合咖啡发育成熟的地方之一。在甘尼什峰下的努瓦科特地区，海拔2000—2400米处有一个季风气候区，6—8月多风雨。在这里，每年11月到次年1月是卡图拉咖啡种植园的收获期，产出富含芳香化合物的暗红色核果。经过湿法加工处理和适当烘焙而制成的咖啡润滑爽口、略带苦涩、酸度低，并且伴有丰富的芳香，它通常混合了柑橘、生姜、肉桂、可可和杏仁的味道。基于上述特性，尼泊尔珠峰咖啡被尊称为"冥想咖啡"。

### 波多黎各 尧科特选（YAUCO SELECTO）咖啡

此咖啡种植于加勒比海地区大安的列斯群岛最小的岛屿波多黎各。1736年咖啡从马提尼克传至波多黎各。30年后，尧科市成立，不久后成了卓越的咖啡种植城市。

漫长的雨季过后（从10月到次年2月），这里的人们一般会在肥沃的火山岩土壤上种植咖啡。一旦波旁核果成熟，就会被手工采摘，然后用湿法加工，露天晾晒。

如果说波多黎各咖啡本身就是一种宝贵的优质咖啡，那么波多黎各特选咖啡便更加独一无二，但是后者仅占整个岛屿咖啡产量的1%。这款咖啡只要烘焙得当，绝对物有所值，咖啡爱好者可享受到丰润新鲜的果实，苦味极少且层次丰富：有新鲜的干果、谷物糕点的芳香，有时还能闻到一丝花生味。

### 圣赫勒拿（SAINT HELENA）咖啡

圣赫勒拿咖啡是世界上最独特的咖啡之一。它生长于大西洋中的同名岛屿上，处于非洲与美洲之间，曾是拿破仑的流亡之地。当地属于一种特殊的亚热带气候：由于信风的缘故，海岸气温介于14—32℃，并进一步蔓延至内陆，年均降雨量相对较低，最高达1000毫米。

种有波旁咖啡的种植园，位于海拔700米的火山岩土壤之上。土壤因鸟粪而更加肥沃。岛上其他种类的高大树木保护着阿拉比卡咖啡灌木不受风吹日晒。然而这些植株的产量非常低。核果一年收获两次。用湿法处理后，经长时间晾干，多至几个月。因这里的晾晒效果较好，有咖啡品鉴师认为圣赫勒拿是世界上最好的咖啡。它给人们带来了丰富的感官体验，花果香中和了咖啡本身的酸度，同时夹杂着柑橘的芳香，而后还带有烤面包、糕点和干果的香气。

### 萨尔瓦多 帕卡马拉（PACAMARA）咖啡

象豆咖啡是波旁的优良品种，起源于毗邻太平洋的萨尔瓦多，随后衍生出帕卡马拉咖啡，和其母本一样，拥有硕大的颗粒。在萨尔瓦多这个国家，火山岩土壤肥沃，5—10月间雨水充沛（年均降雨量2000毫米），因此帕卡马拉咖啡的成熟期在1—5月。尽管每公顷产量很低，制成咖啡后却令人回味无穷。除了草本植物的清香，这种咖啡还带有一丝甘草香料和烤酥皮点心的味道。

### 苏拉威西岛 塔洛加汤康纳（KOPI TORAJA TONGKO-NAN）咖啡

苏拉威西岛（Sulawesi）位于印度尼西亚，属热带气候，全年平均气温30℃，5—8月为旱季，11月至次年3月为雨季。该地区群山连绵，

有多种不同的内部微气候。咖啡种植园位于海拔 1300—2000 米的火山上（岛上依然有一些活火山），土壤中的矿物质可以促进咖啡的生长。岛上栽培的品种是任抹（Jember），也叫"任抹咖啡"或"S795"，是阿拉比卡和利比里卡、肯特的天然杂交品种。该品种产量稀少（每公顷 31500 千克），高约 6 米，可存活 50 年左右。

　　该咖啡品种的传统加工方法是湿法加工。由于气候恶劣，在这里需要稍微改变一下这种加工方法：让核果在小容器（或桶）中发酵，然后长时间晒干（最多长达 1 个月）。该品种核果产量稀少，精挑细选后用小桶储存，因而具有独特的感官特性：虽然是水洗豆，但颗粒饱满，酸度适中，带有香脂及新鲜干果的香气。

咖啡的种植地区和种植方法

## 如何种植咖啡？

可以通过播种或扦插来培育咖啡树。第一种方法需要收集成熟的果实，挑选最好的种子，将它们放在装满土壤和腐殖质的木箱中，等待幼苗生长。第二种方法需要从成株上剪下枝条，并种在土壤里。新的植株在所谓的"育秧房"中生长一年左右后即可转移到实际的种植园中，大约3年后就能开始结果。可见，咖啡树和葡萄藤在种植和结果时机上并无明显不同，存活时间也是一样：平均一棵咖啡树能一直结果20年。 当然也有变数和例外：在一些地区，咖啡树能存活半个世纪，个别植株的寿命甚至超过100年。

采用播种还是扦插来培育，取决于具体目标。"方法一"显然更实用，"方法二"保证了新的幼苗和母体特征相同。事实上，因为根本无法确定花受精后的基因污染与组合，所以不管是自然授粉还是人工授粉，都会出现变异和杂交品种。

第40—41页图：哥斯达黎加奥罗西流域咖啡种植园一瞥。

## 种植园

　　咖啡的种植环境在地形（地势高度、坡度等）、土壤类型（从火山岩土壤到巴西红土地）、降雨量以及风力、日晒方面都大相径庭。咖啡树既可长在树荫下，也能经得住直接暴晒。与环境相关的另一个因素是植株的天敌——除了威胁到植株的产量，还危及植株的存活的寄生虫。特定区域的环境特征对挑选合适的咖啡品种和采用特定的种植方法都有着巨大的影响。

　　就土壤而言，咖啡喜欢轻质、排水性能良好并富含腐殖质、氮、钾和磷的土壤。氮是树干和叶子生长所需的主要元素。对于富含糖分的核果来说，钾元素必不可少（糖分越高，烤咖啡豆的香味就越浓）。而磷因为对开花至关重要，所以对核果的产量也很关键。众所周知，咖啡树喜欢阴凉，即使光照是纤维素合成的主要能量来源，对植物生长至关重要。这就是为什么日晒因素——与风力、蒸发作用和授粉作用相关联——也很重要。

　　同样重要的是年均降水量及其分布。一方面，生长在热带地区的优质植株以季节为生命周期（包括温度及日照的变化）；另一方面，咖啡树喜雨，见雨开花。

第 42—43 页图：巴西种植园不可思议的几何形状。

咖啡的种植地区和种植方法

　　另一个与气候相关的因素是纬度和海拔的相互作用。越远离赤道，平均气温越低，山坡也不那么陡峭。以巴西摩吉安纳山和米纳斯山为例，咖啡树种植于低海拔地区（阿拉比卡品种种植于海拔 500 米），经受阳光暴晒，低矮成排生长，仿佛葡萄园一般。这使机械收割成为可能，但水资源稀缺，无法湿法加工咖啡。相反，越靠近赤道，平均气温越高。因此为了找到适宜的气候地区，咖啡必须种在海拔较高，甚至高达 2800 米的地方。在这些地区，阳光太强烈，因此咖啡树必须种在参天大树的树荫下。不管是陡峭的悬崖，还是不平整的土壤，都不可能采用机械收割。但另一方面，因为水资源充足，可以产出独特的湿法加工的咖啡。海拔在一定程度上影响着核果的密度，也与核果的含糖量有很大关系，决定了所产出的咖啡豆是硬豆还是软豆，其海拔分界线通常为海拔 1500 米。但正如我们之前所说，这一界限的定义受到纬度、位置、种植园类型的限制，当然物种、品种也强烈影响着界限的定义。

　　定义一种咖啡质量的另一个关键因素是热偏差（即白天与夜晚之间的温差），它影响着萜烯前体的形成。萜烯前体决定了杯中咖啡是否散发花香及香脂气味。该特征在高纬度地区湿法加工的咖啡中更为常见。有意思的是，在某些生长在低纬度地区的自然日晒咖啡（干法处理的咖啡）中也出现了该特征，核果在成熟期间会经历高温剧增。

第 44—45 页图：夏威夷考艾岛上的一排排咖啡树。

最后，环境条件对咖啡因和酚酸的产生有重要影响。咖啡因是生物碱，为咖啡提供受人喜爱的可作用于神经的特性，但如果浓度过高，咖啡会被限制销售。简而言之：如果将喝咖啡视作一种乐趣，咖啡因浓度高的话，应该有节制地品尝。酚酸在蔬菜中很常见，但超过特定浓度或成为特定类型后，会产生令人不适的涩味（未成熟的柿子味）。

咖啡因和酚酸对植物来说都是重要的防御工具，因此如果咖啡在不需要自卫的条件下生长，例如不需要躲避寄生虫的侵害，那么植株所含的这些成分就会少一些。比如，海拔高度降低了这种威胁的风险，因此在海拔较高的土地上种植的罗布斯塔咖啡就少了些罗布斯塔的特性；在海拔较低的土地上种植的阿拉比卡咖啡则多了些罗布斯塔的特性。

## 咖啡树的生命周期

在我们生活的纬度地区，植物在春季开花，那时气温回升，宣告冬季结束。在热带国家，决定开花与否的是降雨。

每次降雨后，咖啡树都会开出白色的小花，这时一旦授粉，就会结果，植物学家称其为"核果"，通常叫作"咖啡果"。在植株生长的环境中，可能会遇到一个雨季、一个旱季，或某一特定时节中晴雨交替。后一种情况下，在同一植株上会同时存在刚开的花、新出的果、将熟的果，以及成熟待收的果。因此，和集中在几个月内完成的葡萄采收不同，我们发现有一年两收或全年在收的咖啡种植地区。这意味着，从花朵授粉到核果成熟的时长会有很大的不同——通常是 6—10 个月——这取决于地域的不同。

在任何一种情况下，花朵授粉后子房都开始生长，并形成核果。起初为绿色，然后转为鲜红色，接着变为棕色。也有一些橙色的核果。这取决于核果的品质，葡萄也是如此。

## 果实

咖啡果实是肉质核果，外果皮薄，多汁，且果肉含糖，内果皮纤薄（像羊皮纸一样），最里面是两颗挤得扁扁的种子。一颗咖啡果中通常有两粒种子，但有时其中一粒种子会败育，因此所有空间都被一粒种子占据，成为非常特殊的"圆豆"咖啡品种。

不同的种子代表不同的物种：阿拉比卡豆在中间平面处有一个 S 形的裂缝，而罗布斯塔豆中间有一条直线。通常情况下，罗布斯塔豆更小、更圆，而阿拉比卡豆更大，形状偏椭圆。

与樱桃这种有名的核果相比，咖啡核果更小巧一些。虽然里面含有大量的糖分和有机酸，但咖啡核果并无其他用途，这事实上代表了一定的环境成本。对人类来说，重要的是核果中的两粒种子。在某些品种中，种子只有几毫米长，而有些品种（如象豆），种子有 1 厘米长。一杯咖啡需要大约 50 粒咖啡豆。我们的花园不种咖啡树，那么就让我们了解一下咖啡是如何加工的。

第 48—49 页图：巴西红咖啡核果。

第 50—51 页图：赞比亚咖啡采收。

咖啡的种植地区和种植方法

## 收获方法：
## 采摘、脱枝、机械采收

　　咖啡果一旦成熟就要脱离植株。这有 3 种不同的方法：第一种叫作咖啡采摘，和摘樱桃一样逐一采摘核果。尽管咖啡果实的果皮坚硬，但果实仍然有可能腐烂，由此制成的饮品会散发出令人不适的腐烂味道，和垃圾桶旁的气味相似。果实越成熟就越易被损坏，因此要制作最优质的咖啡，挑选熟透的果实尤其关键。从这方面看，手工采摘咖啡是最好的方法，但也是迄今为止成本最高的。

　　还有一种费用较低的方法，那就是脱枝：一只手握住咖啡树枝，另一只手剥去该枝条上所有的核果，用容器在下面接住（如围裙、篮子或其他物品）。

　　第 52—53 页图：在泰国这个种植园里，熟透的咖啡核果被逐一手工挑选出来。

　　第 54—55 页图：埃塞俄比亚咖啡种植园喜获丰收。

这种方法速度很快，但采集果实的同时也会采集到许多叶子，而且最重要的是，使用这种方法无法区分成熟度不同的果实。因此，这种方法只能用于采集在一片区域内果实同时成熟的品种。

最后一种方法是机械采收：使用大型机械穿过植物园内的一排排植物，同时抽打咖啡树，使果实落入漏斗中。当然，这种方法只适用于土地条件和种植园形状允许的情况。例如，在能根据成熟度挑选咖啡豆的大型种植园和庄园里，即可采用机械采收。

无论采用何种收获方法，咖啡果的成熟度都至关重要，原因有三：

- 成熟的果实中含有的酚酸少，酚酸可导致咖啡产生涩味；苹果酸含量也少，苹果酸会使咖啡在风味上具有相当高的硬度，且其影响程度不会因烘焙而降低。
- 果实成熟能减少吡嗪的含量。吡嗪会使烘焙后的咖啡豆产生明显的草味和灰尘味。
- 成熟的果实中糖分的含量可达 23%—25%，这对咖啡豆在烘焙过程中散发出浓郁的香气至关重要。

### 咖啡豆的萃取

虽然咖啡果实中果肉不多，却占据了整个果实的一大部分。为了获取咖啡豆，需将果肉和果皮一同去除。

去除果肉、果皮的最古老方法为干法加工，由此可产出所谓的"自然日晒"咖啡。这种方法仅靠太阳完成全部的工作：只需将果实放在农场的场院里（现在场院里通常都铺了地砖，以免果实被杂质污染，影响最终效果），在地上晾晒，果实逐渐失水干燥。果肉和果皮失去弹性，变得干燥，易于剔除，留下依旧包裹在银皮中的咖啡豆。

这些变化发生的条件（首要的是日晒时间）对于形成咖啡香气非常重要，香气将在烘焙阶段和咖啡成品中逐步显现。日晒咖啡能制成醇度好、酸度低的咖啡饮品，能带有稍许的巧克力味，有时还有香料味——特别是胡椒的味道。

第 57 页图：在尼加拉瓜，人们在日光中晾晒咖啡果。

第 58—59 页图：多亏工人们认真工作，这个印度南部种植园里收获的咖啡果得以在阳光下晒干。

咖啡的种植地区和种植方法

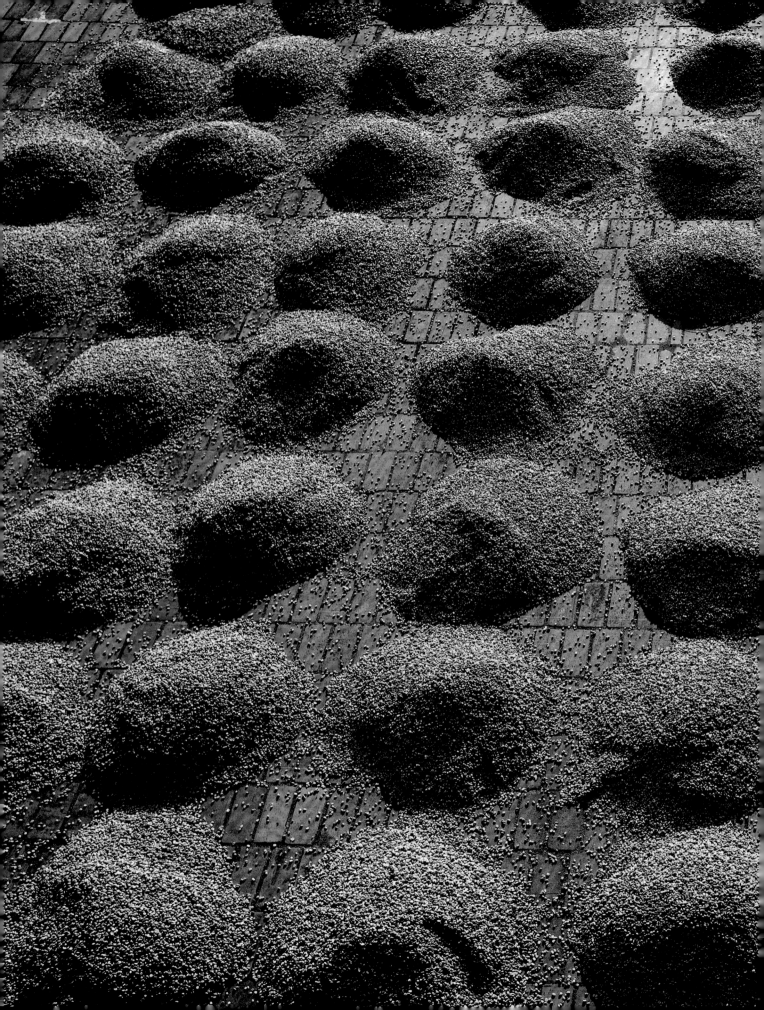

尽管整个萃取过程不会增加咖啡的花香味，但若咖啡豆产于温度变化很大的环境，就可能有花香及其他优雅的植物香脂味道产生，没有一点儿未成熟的咖啡豆所带有的生味。

第二种方法为湿法加工，由此可产出"水洗式咖啡"。尽管传统的湿法加工方法仍在小范围内使用，但加工技术更加现代化，因为湿法加工需要能够去除果皮和果肉的机器，这样，咖啡豆就仅被包裹在一层含糖、黏稠的薄膜中。最初，这种加工方法用的是研钵和杵，之后历经多年，引入了越来越高效的机器。将咖啡果放入水中，待其发酵后，咖啡豆即可与外皮分离。在水中，各种微生物群同时开始起作用（最主要的就是酵母菌和细菌，而霉菌在较高酸度条件下会受到抑制），因此很难控制。这些微生物依靠咖啡果中残余的糖分生存，并产生大量的酶，酶可分解咖啡豆的外表皮，从而只剩下咖啡豆本身，然后就可以将其放到阳光下或阴凉处晾晒。通常是将薄薄的一层咖啡豆晾晒在离地面适当距离的垫子上，然后不断翻晒，夜里遮盖。有些情况下，这些晾干场地有顶棚，避免咖啡豆受到阳光直射。

第 60—61 页图：在危地马拉，人们用湿法加工咖啡果，将珍贵的种子从果浆中分离出来。

咖啡的种植地区和种植方法

水洗咖啡只能在有大量水资源和廉价劳动力的地区生产，因为这种加工方式只适用于手工采摘的果实。然而，用湿法加工的咖啡豆制成的咖啡品质更好，因为这种加工方式为咖啡增添了酸味，少有苦味，没有涩味，并且散发出的香味种类广泛，包括蜜香、花香（甚至有玫瑰香）、热带水果香、柑橘香及核果（如桃和杏）的香味，尤其是果干和核桃的味道。

第三种是最新的方法，可产出半水洗式咖啡。由于打浆机的效率已经达到了很高的水准——它们甚至都能完美地清理果核，并以备干燥——用这种方法处理的咖啡所具有的特性，应有介于两种旧式工艺生产的咖啡中间的特性，但实际上，因为没有经过发酵，这种方法产出的咖啡与全水洗式咖啡几乎没有相同点。

在生咖啡（咖啡在烘焙前的叫法）的准备过程中，必须要考虑生产者的主要目标通常是确保安全稳定的产量，为了达到目标产量，有时会以牺牲质量为代价。简而言之：（几乎）所有咖啡都不错，但（几乎）没有咖啡是完美无缺的。为了实现改良咖啡这一目标，有一个重要的工具就是干燥箱，它可以确保避免果实发酵，简化了干燥的过程，但如此一来，咖啡豆就来不及分解一些重要的元素，也就没有时间生产珍贵的酶了。干燥箱让咖啡豆不必在阳光下晒干，但专家认为太阳晾晒对于咖啡产生前期香味至关重要。

## 咖啡豆的分拣、定级及包装

根据产品的质量水平要求，核果一般都经历了或多或少的彻底分拣。对于咖啡豆来说，分拣至关重要。咖啡豆分拣工作可由不能承担繁重劳动的人（通常是妇女、青少年或老人）手工进行，或者由机器完成，这种机器利用光束，逐个识别咖啡豆的颜色。这一操作的目的是去除有瑕疵的咖啡豆，以达到产品的分类标准。随着机械采收的出现，咖啡豆的分拣过程就变得更加重要，以避免未成熟的咖啡豆混入其中，严重影响咖啡饮品的质量。另一种分拣方式是根据咖啡豆的尺寸，利用有特定尺寸孔的冲孔筛进行筛分。最有价值的咖啡豆的筛板要达到 17 或 18 号，而较小的咖啡豆则价值较低，尽管对咖啡的感官特性而言并非总是如此，但无论如何，使用成批同样大小的咖啡豆明显可以使烘焙过程更优质。

　　"杯测"是对咖啡的感官特性的评估，因此也同样重要。在咖啡产地，一些专业的咖啡品鉴师一天可以品尝 300 杯咖啡，所有的咖啡均以巴西制法制备，即在热水中浸泡研磨咖啡。这种方法适用于咖啡品鉴，但对于某些特殊的咖啡制品，如意式浓缩咖啡则不适用。经过分拣定级之后就要包装了。咖啡豆通常装在容量为 60 千克（均为这种尺寸，少有例外）的黄麻袋中，在袋子上印上生产商的名字和咖啡原产地，或二者之一。除了黄麻袋，还可以将咖啡豆装在更大的容器中，高品质的咖啡豆还可以装在小木桶里。

第 64—65 页图：在印度南部的一个种植园里，工人们正在检查和分拣咖啡果。

63

# 烘 焙

## 从多孔烘焙盘到流化床烘焙炉

人类发现火，不仅提高了食物的卫生状况，而且增加了人类的感官享受。这一发现很快就影响到咖啡的消费，咖啡制作的工艺也从水煮咖啡豆过渡到巧妙地烘焙咖啡豆。

正如我们看到的，尽管咖啡核果中有含糖丰富的果肉，但人们从来不太喜欢它。与其他水果不同，咖啡核果没有迷人的香气。咖啡生豆的味道很重，且通常持久而粗糙。如果放入口中，它的甜味会被明显的酸味所抵消，同时还会有一股涩味。一杯咖啡核果煮的汁可能并没有什么特别之处，如果人类仅仅止步于此，那么咖啡可能就不会像现在这样受欢迎了。

即使是生豆，尝起来也有一种似草的味道（实际上它们被称为生咖啡），但是如果经过适当烘烤，就会产生极具吸引力的香味。有一些人断言，一杯煮好的咖啡中所含的能产生香味的分子数是葡萄酒的两倍。这可能扯得有点远，但是烘焙肯定会大幅度增加这些分子的数量。这仅仅是我们现在能够计算出来的。没人知道随着科技的进步，将来我们会发现多少类似的分子。我们的嗅觉可以感知一些科学设备无法识别的味道，其中的一些味道具有潜意识的吸引力。

也许是一场火烧到一些咖啡树时所产生的香气传到了我们祖先的鼻子里，更可能的是，咖啡只是在人类发现火种后进行试验的又一种材料。我们永远找不到答案。但我们所知道的是，烘焙咖啡豆的发现在人类历史进程中留下了痕迹。数十世纪以来，它将人类分为两种伟大的文

化：一种饮用发酵饮品（葡萄酒和啤酒）来放松，另一种饮用咖啡来提神。

我们不可能知道第一个烘焙咖啡的设备是什么样的，它可能是一个无釉的赤陶容器。但是，即使是陶土或是最高贵的陶瓷，都不是很好的热导体，这一点与金属不同，金属可能是在发明烘焙咖啡之前发现的。无论是陶土还是金属，我们可以想象这些早期的烘焙容器都有孔，以便给火焰和豆子之间留下一定的接触空间。所以古代品尝咖啡的人会尝到烤栗子的味道。这就是今天仍在使用的多孔烘焙盘的起源。一些老式的烘焙盘基本上只是一个平底锅，后来加了盖子，盖子上的手柄可以帮助翻动咖啡豆以使其受热均匀。

在这种情况下，直到19世纪末，烘焙都是通过传导进行的，也就是说，通过铁等材料来供热。

烘焙的目标已经实现，但是咖啡的气味通常变得焦臭，味道也会受到一种令人不快的苦味和酸味的对比的影响。使用通过燃烧木材的热源进行加热的中空铁球进行烘焙，改善了烘焙效果，确保了良好的均匀性。木柴最终被煤炭取代，因为煤炭更易控制，这在一定程度上促进了进一步创新。真正质的飞跃是因为第二次世界大战之后气热烘焙器的引入，它将热的传导任务交给热空气。

我们稍后会讲到这个事情，因为还需要考虑另外两个问题：烟雾和冷却，这两者使烘焙过程非常考究。当烘焙咖啡时，除了热源产生的烟之外，还会产生其他的烟。因此在20世纪初，使用专业的咖啡烘焙机大量烘焙咖啡时，需要用排烟机将烟雾传送到外面。

烘焙

　　与此同时，我们必须找到能够让咖啡豆快速冷却的解决措施。当咖啡豆烘焙到一定程度时，它们便不再吸收热量，而是散发热量。这会造成即使将咖啡豆远离热源，咖啡豆之间也会继续互相烘烤——尤其是在同时烘焙大量咖啡豆时，这样会严重影响咖啡的品质。如今在一些国家，例如日本，仍在进行家庭烘焙，生咖啡作为市场杂货食品出售。家庭烘焙的咖啡豆数量当然要小得多，在这种情况下，将咖啡豆放在一个冰冷的表面以停止烘烤就足够了。在早期的烘焙场所，人们把咖啡豆倒在架于地面的静态栅格上，然后快速翻转使其冷却。后来人们发明了空气压力冷却槽。冷却咖啡豆的最新发明利用了氮气能够使空气冷却的技术。除了这些有效的方法之外，还有一些人想要通过向烘焙后的咖啡豆喷水的方式加速冷却。毫无疑问，这种最糟糕的方法会破坏咖啡的香味，缩短咖啡豆的保质期。

　　我们再回到烘焙技术的话题上来：在巴西和世界其他地区的一些工匠们仍使用木材作为燃料，然而木材相继被煤、柴油和天然气所取代。因此烘焙不再通过传导热量进行，而是通过空气对流进行，这对成品咖啡豆品质的影响很大。从这个方面来讲，我们不能不提到20世纪最后一个25年的一项创新：利用清洁的空气来输送热量。

　　人们又发明了滚筒烘焙机，但是创新并没有就此停止。人们甚至利用红外线辐射（即微波）烘焙咖啡豆。阿基米德螺旋泵将咖啡豆置于热空气流中烘焙，流化床烘焙炉将未经烘焙的咖啡豆置入高温空气旋流器中。在倒入咖啡豆的过程中，对豆子进行烘干、脱水、浮选，然后从机械顶部将其取出。

## 烘焙技术

　　在很长一段时间内，人们都采用相同的方法建造烘焙器，即将咖啡豆装在一个旋转圆筒中，利用热空气对其进行加热。这种滚筒式烘焙炉沿用了数个世纪，容量不等。专业人士认为，容量为60—120千克的烘焙机最为理想，但即使是容量为15千克和350千克的机器，也可以烘焙出优质的咖啡豆。不过，烘焙大量咖啡豆可能会有危险，当然即使烘焙很少的咖啡豆，也要遵守一些特定的操作规则。

　　大家公认，制作意式浓缩咖啡用到的咖啡豆，其准备工序最为考究。这种咖啡是用滚筒式机器烘焙的咖啡豆制作而成的，这种烘焙机以"分批加工"的形式工作（包括装载阶段、烘烤阶段和卸载阶段），烘焙一次的时间是15—25分钟，使得咖啡豆的香气能够被充分地烘烤出来，烘焙的温度是85—215℃。现在有了更精确的软件来操控烘焙机器，使烘焙过程更加安全。但

第 70 页和 71 页图：烘焙的 4 个程度。

为了获得质量最好的烤咖啡豆，人们必须随时检查机器的工作状态。

从以上内容很容易看出，烘焙咖啡的最基本问题就是生咖啡豆的选择，这是一个非常复杂、困难和冒险的选择。依靠直觉筛选生咖啡豆仍然主要基于专业人士的嗅觉和经验，他们将一定量的咖啡豆放入滚筒式机器中（容量在 100—1000 克之间），并将机器设置为想要的烘焙程度。这可能是造成致命错误的第一步：通常小规模的烘焙不会产生工业上大规模烘焙的效果。正如我们将看到的那样，大量咖啡产生的热量，特别是从吸热阶段到放热阶段所产生的热量，与咖啡豆的数量规模息息相关，但不是线性相关。

## 烘焙时发生了什么

在烘焙器内部，咖啡豆受热，并成为自身的化学反应器。第一阶段（吸热阶段），咖啡豆吸收外部通过水蒸气和二氧化碳传输的热量，并将其传输到整粒豆子。第二阶段（放热阶段），咖啡豆自身成分开始产生热量，实际上就是一个燃烧的过程，如果不及时制止，会直接破坏咖啡豆的品质。

更详细地说，咖啡豆在吸热阶段会失去水分并开始变色，从绿色变为焦黄色，并从生豆的味道变为烤面包的味道。这时咖啡豆中的糖分开始水解，引发"美拉德反应"（Maillard reaction），这是烘焙过程中最重要的反应。随后咖啡豆达到第一个吸热峰值。这时咖啡豆的颜色变得更深，并且由于咖啡豆内部产生气体，豆子开始膨胀。很快，放热反应开始，咖啡豆体积明显增大，表面出现微孔和微裂纹。接着咖啡豆变得易碎，并产生浓烈的香气。最后，热解反应变得更加剧烈，咖啡豆开始释放大量气体，并形成最终的形态。

不管是从物理还是化学角度来看，从烘焙器中取出的咖啡豆完全变了样子。咖啡豆不再富有弹性，体积增长了约 60%，湿度降低了 90%，含糖量降低了 10%。未水洗的咖啡豆重量减少了 20%，而其中脂肪和氮化合物的含量有所增加。然而，真正神奇的是，经过烘焙，每粒豆子都变成一个充满二氧化碳和香气的宝囊。

通过烘焙，咖啡豆的基本成分又生成了新的化学成分。这些新的化学成分相互作用，又形

烘焙

第 72—73 页图：烘焙过的咖啡豆被冷却。

成了更新的化学成分，第二轮产生的化学成分又继续第三轮反应，在某些情况下，甚至会形成第四代和第五代化学成分。因此，生咖啡豆中的细微差别经过烘焙会被加倍放大，生咖啡豆一个小小的瑕疵可能会毁掉一杯咖啡最终的口感。

## 烘焙方法

如果我们将时间和温度（这两个因素使我们能够调节烘焙咖啡时所需的热量）放到一个四象限图中，我们可以看到 4 种不同的情况：

- 快速高温烘焙：会造成咖啡豆烘焙不均匀。咖啡豆表面已经炭化，而内部的烘焙力度不够。在感官特性方面，当用这种咖啡豆来冲泡意式浓缩咖啡时，咖啡中不会产生油脂（有少量油脂，但是不均匀，缺乏质感），咖啡的苦味和酸味（两者都很强）不协调，口感较涩，有焦臭味，香气层次不丰富。
- 长时间高温烘焙：造成咖啡烤焦变黑。咖啡的颜色变得更深，让原本的收敛因子释放出来，苦味也变得更加突出。花香和果香消失，并且由于酚类化合物的增加，药的味道也显现出来。乙烯基愈创木酚和乙基愈创木酚的比例发生变化，前者增加的同时香气减少。
- 长时间低温烘焙：这种温度和时间的组合烘焙出的咖啡豆会过多地产生一种叫作吡啶的特殊化合物，它会让咖啡豆变得更苦，产生一种类似烧焦的肉的味道，同时也会产生更多的噻吩。如果噻吩超过一定量，咖啡豆就不再会产生像蜂蜜、鲜花和烤面包一样的香味，而会产生一种类似洋葱的味道。
- 短时低温烘焙：轻度烘焙。经过轻度烘焙的咖啡豆用于制作浓缩咖啡时，咖啡中几乎没有油脂产生，质地松散，并且缺少大分子（特别是由于蛋白质和糖难以混合）。出于同样的原因，咖啡味道很淡。由于特定脂肪酸降解减少，咖啡酸度增加，进一步造成咖啡味道不协调。由于没有形成足够的芳香分子，最终咖啡的香气也不足。

烘焙

## 静置时间——排气

刚刚烘焙完成的咖啡豆不能立即使用，必须放置一段时间让咖啡豆排气，在此过程中，咖啡豆继续其芳香演化，并将其中的多余气体排出。排气过程受到环境条件很大的影响，因为温度和压力会加速或减缓这一过程。因此，这个程序可以以多种方式进行。使用中型咖啡烘焙器时，通常将咖啡豆停放在筒仓中一段时间，然后再进行打包。

其他情况下，咖啡豆会被立即打包，然后在袋中完成排气，特别是用于出口、需要长距离运输的咖啡豆多采用这种方法。无论采用何种方法，排气都是必不可少的步骤：新鲜烘焙的咖啡豆会产生一种油脂，这种油脂呈海绵状，富含二氧化碳，不具持久性。此外，从嗅觉的角度来看，新鲜烘焙的咖啡豆因其挥发不完全而香气不足。当然，咖啡豆也不能过度排气，要避免氧化。

## 单品咖啡和综合咖啡

每年在全球消费的 7000 亿杯咖啡中，有很大一部分是单品咖啡——单品咖啡的产地可能大到巴西全国，小到一个种植园。正如先前提到的，在第一种情况下，谈论单一产地并没有多大意义；而在第二种情况下，咖啡甚至可以按生产年份进行详细划分。与葡萄酒不同，单品咖啡以其假定或已确定的特性来确定其身份，如果经过微烘焙加工，就可以变成有奇妙特质的产品。另一方面，当我们谈到较大产地的单品咖啡时，该产品还会具有唤起人类感情的力量，但其特点不是十分明确，因为将不同批次的咖啡混合在一起才形成了最终产品。这实际上是一种混合，但并不是我们通常所理解的混合。

当人们崇尚单品咖啡的时候，综合咖啡才是我们的祖先对芳香的复杂性需求的唯一答案。从商业角度来说，综合咖啡是区分咖啡烘焙商的标志：如果生咖啡的产地非常相近，那么不同的烘焙过程和不同的咖啡组合就表达了烘焙者对品牌的认同。

在国际市场上，制作品质优良的混合咖啡是一种至今仍与意大利传统和专业技能相关的能力，并激起了非意大利的专业人士的好奇。事实上，仅仅遵循一套规则无法调制出与众不同的综合咖啡，咖啡更是表达了一种愿景，我们可以说这几乎是一个人类学的愿景，即如何将不同的咖啡和谐地混合到一杯咖啡中。第一种综合咖啡是为意式浓缩咖啡制作的（这种方法最早的记录可追溯到 1845 年）。这并非巧合，制作这种咖啡比任何别的咖啡都更注重生咖啡豆的质量和烘焙师的技术。

咖啡豆的种类很多。产地不同的咖啡豆可以先分别烘焙，然后再根据精确的配方进行混合。另一种行得通的方式是先将生咖啡豆混合，之后再进行烘焙。

烘焙

下面是综合咖啡需要具备的特征，如此才能制作出一杯成功的咖啡：

- 完美：视觉上没有任何瑕疵（咖啡油脂没有瑕疵），没有令人不快的气味和味道，并且入口味道完美，没有涩味。完美的咖啡同时需要具备以下品质：榛子色的咖啡液，油脂中带有一丝黄褐色，口感柔顺，酸味与苦味完美融合，清香美味。
- 深度：这主要是与香气有关的一种品质，并且表现在综合咖啡的优点中。当一杯咖啡首先散发出鲜花和新鲜水果的味道，随后是干果味，并伴随着复杂的烘焙香气，然后以各种香味和谐混合的味道结束，就意味着这杯咖啡具有深度。
- 效能：这里指的是咖啡本身的醇厚程度和其香味的强烈程度，即芳香的强度和持久性。一杯不完美的咖啡，效能可能为负值。简而言之，综合咖啡如果具有强烈的令人不快的气味、涩味和木质感，也可以被称为效能强。

## 制作综合咖啡的规则和要求

制作综合咖啡其实是一种艺术创作，依赖于专业成熟度、口感灵敏度、技能、知识和激情。

这意味着制作综合咖啡没有固定的规则，也没有一份现成的调制美味的综合咖啡的配方。然而，遵循一些实用的原则可以避免犯重大错误：

- 好的综合咖啡是基于咖啡之间的相近性和互补性，而不是相斥性。
- 调制综合咖啡遵循倍增原则：也就是说，一个负面的成分并不是简单地与正面的成分和平共存，而是使整个混合结果变得很糟糕。
- 一点点具有杀伤力的分子都会降低整杯综合咖啡味道的深度。

## 制作高品质综合咖啡需要多少种成分？

"综合"这个术语在不同情况下有不同的含义。在许多国家，综合咖啡只是简单的两种不同咖啡的混合（不同种类、不同产地，或收获后经过不同的加工过程）。在意大利，综合咖啡是一种艺术形式，而这一艺术形式源于咖啡公司的经营理念。

一个最常见的问题是：制作一杯优质的综合咖啡，需要多少种成分？两种咖啡进行混合当然不多，但是将多种咖啡进行混合调制出的咖啡也不见得是香醇的混合咖啡。

虽然综合咖啡没有固定的配方，但我们可以考虑三种不同的选择：

- 通过组合几种不同品种的咖啡来实现其复杂性（9—13 种）。
- 通过组合少数几种以不同方式烘焙的咖啡来实现其复杂性。
- 复杂性也可以通过组合少数几种完美烘焙的高品质咖啡来实现。

## 烘焙单品咖啡或综合咖啡

来自不同产地的咖啡豆可以分别进行烘烤，然后根据设定的比例混合在一起，或者，直接将不同的生豆混合然后再烘焙。这两种不同的方法，在世界各地都有使用，每种方法都需要特定的工作流程和适当的设备。一旦做出选择，就很难再改变。烘焙单品咖啡无疑是提高咖啡品质的一种方法。这种方法还允许对混合比例进行微小的调整，进而获得更好的产品。然而，这种方法的成本更高，一些咖啡生产商坚信，将所有不同种类的咖啡豆一起烘焙可以制作出更美味的咖啡。

这里还有第三种方法：在烘焙前，先将一部分咖啡豆混合，烘焙后进行搅拌。

烘焙

咖啡研磨

# 从研钵到电子定量磨豆机

咖啡豆是个百宝囊。虽然烘焙使咖啡种子的弹性降低，但是它的香味和活性分子却被密封在缺乏渗透性的细胞里。因此，为了制备一杯美味的咖啡，咖啡豆必须细磨，这样，未煮沸但很热的水就可以渗入其中，从而萃取出美味的饮品。通过研磨，水和咖啡之间的接触表面会增加，且极大缩短了溶剂浸透咖啡细胞的距离。细磨咖啡豆可以借助烘焙来实现：加热使咖啡豆变硬，使其近乎呈玻璃状，达到易碎的程度，烘焙过的咖啡豆与煤有些类似，也具有符合流变曲线的易碎结构。

曾经，研钵是唯一可用的工具。研钵由两部分组成：臼和杵，石质为宜，金属亦可。用研钵磨咖啡豆是件苦差，但是因为咖啡没有被加热，因此香味的损失非常有限。

显然，研磨粗细度取决于烘焙的程度，以及以杵击臼的力度和次数。

在寻找不那么原始的器物的过程中，人类诉诸香料研磨器，即装有机械装置、能使胡椒——被誉为灵丹妙药和强效壮阳药的香料——颗粒粉化的圆筒。

然而咖啡是不同的：咖啡豆不仅比胡椒粒大得多，而且制备饮品所需的数量也要多得多。

因此，需要一种不一样的工具，一种容量更大、速度更快的工具。解决方案是一个安装在轴上的旋转研磨机，该旋转研磨机由适当长度的曲柄驱动，与其相连的咖啡豆容器可以收容和破碎豆子，迫使豆子进入由研磨机的运转而产生的狭窄空间。旧式咖啡磨和如今仍在使用的磨豆机没有太大区别，其主要区别在于旧式磨是手动的。咖啡研磨常常是派给孩子和仆人的工作。

这些机器最初出现的时间相当晚（17世纪），但它一问世便受到极大的欢迎，成为一个家庭社会地位的象征：拥有磨豆机的人可以品尝到独家的咖啡饮品。

1798年，托马斯·布拉夫（Tomas Bruff）在美国注册了第一台咖啡磨豆机的专利模型。接下来出现的有1799年英国铁匠理查德·迪尔曼（Richard Dearman）设计的咖啡磨豆机，以及另一个英国人阿奇博尔德·肯日克（Achibald Kenrick）设计的1815型磨豆机，后者配备了一个可改变研磨粗细度的调节螺钉，这项技术革新之所以意义重大，是因为用它研磨的咖啡粉能适应不同咖啡制作方法的需求。

1818年，美国人伊恩克里斯·威尔逊（Increase Wilson）发明了将咖啡磨豆机固定在墙壁上的支架，使其在大规模生产时更加舒适；而他的同胞查尔斯·帕克（Charles Parker）则开发了耐用的家用磨豆机。当时咖啡的消费量不断上升，即便在旅行中，人们也是无咖啡不欢，所以带有折叠曲柄的小型旅行磨豆机应运而生。然而，1842年，随着法国标致兄弟和英国杰克逊兄弟之间的合作，磨豆机才进入工业界。直到19世纪后期，随着博托罗兄弟的三剑品牌（Tre Spade）的诞生，工业化的咖啡研磨才来到意大利。但是后来意式浓缩咖啡（Espresso）——对研磨物粒度最为敏感的咖啡——的出现，促成了世界级品牌的成长。

显然，引入电动机使得磨豆过程变得更轻松快捷。在工业化和专业领域，

咖啡研磨

磨豆机的机械构造基本相同，但在材质、几何结构和精度等方面都得到了完善。

电子技术的引入使得磨豆机能够立即研磨一杯咖啡所需的咖啡粉，同时在咖啡机和磨豆机连分配器之间建立联系，以调节其作用。

电动机也被应用到咖啡磨豆机中，创造了电动刀片磨豆机。这是一项糟糕的发明：加热会分散咖啡香气，同时，其所研磨的非常不均匀的咖啡粉降低了咖啡机的性能。

现代定量磨豆机最早是在 20 世纪 20 年代发明的。在此之前，咖啡是在店铺里通过手工研磨的，通常是一天一次。这是一项辛苦的工作。该工具的主要特点是可以通过调整上、下刀盘之间的距离来调整研磨的粗细度：保持刀盘靠近，咖啡会被细磨；若将刀盘间距离调远些，则会得到粗磨的咖啡。所有咖啡都是不同的，因此没有通用的研磨标准，但某些研磨粗细度更适合于特定的咖啡品质。此外，一批咖啡豆的理想研磨粗细度也可以取决于它的水分含量和它的新鲜度。

市面上有平行刀盘和锥形刀盘磨豆机可供选择。选择哪种刀盘主要取决于单位时间内须完成的研磨量。平行刀盘磨豆机更适于全天工作量都紧张的情况。

相反，锥形刀盘磨豆机可以处理大量的工作流，特别是在磨豆机几乎不间断工作的高峰时段。这两类磨豆机都可以配备加料或"按需"工作，即必要时直接向咖啡机过滤器供应 7—15 克咖啡粉。这种设备越来越受欢迎，因为它避免了因咖啡粉在加料器中停留一段时间而发生氧化。这些机型也更容易清洗。

咖啡
制作方式

# 意式浓缩咖啡的漫长之旅

尽管我们将研究的对象限定为阿拉比卡和罗布斯塔这两个主要的咖啡品种，但描述咖啡与描述人类不同：人类是一个巨大的个体合集，每个个体都因基因的差异而不同；咖啡则是要结合气候条件、土壤，乃至每一颗核果的日照条件来谈。好像只谈这些还不够，咖啡果的处理方法有很多种，咖啡豆也受储存条件和烘焙程度的影响而不同。最后，制作方法决定了我们所品尝到的咖啡的感官特性。

几个世纪以来，上述因素因气候、经济和社会的变化，以及新的发明和创新的引入而持续变化。

让我们回顾一下咖啡的整个历程，试着想象一下各个时间节点所烹煮的不同的咖啡给我们带来的不同感官体验。

## 核果汤

毫无疑问，咖啡核果汤（decoction of coffee drupes）是第一种也是最古老的一种咖啡饮品。该饮品保留了植物的健康特性，在提供大量的有机酸、矿物质，甚至碳水化合物的同时，使水有益于健康（某种程度上）。

咖啡核果汤肯定与我们现在所知的咖啡迥然不同：一方面，它没有一丝因烘焙而产生的芳香；另一方面，与甜味相比，一杯咖啡核果汤中的苦味与涩味总是更为明显，虽然我们可以推断，那些曾经喝它的人只采摘成熟的核果（含糖约 23%—25%）。但总的来说，这种方法耗时长，做出的饮品也相当难喝。

如今还有人制作咖啡核果汤，但只使用干燥过和轻微烘烤过的核果皮制作。有些人喜欢它，但它与我们现在所喜爱的咖啡完全不同。

第 84 页图：18—19 世纪使用的木制手柄镀锡咖啡壶。这种早期原始的咖啡壶通过被置入沸水中来烹煮咖啡。

### 种子汤

19 世纪早期，巴黎地方行政长官、美食家布里亚·萨瓦兰（Brillat Savarin）指出：咖啡必须煮沸3次。这是一种历史悠久的咖啡制作方法，俗称"土耳其咖啡"，被联合国教科文组织列入世界非物质遗产名录。

当然，该方法能使咖啡物尽其用。为使咖啡更加清透，这种煮沸用的咖啡，应该是粗磨咖啡。

这当然不是一种快速的方法，此外，从感官角度来看，它也的确有些缺陷：首先，在饮用过程中，部分咖啡粉会进入人的口腔；另外，此过程中大部分最为优雅的香气损失掉了，而"煮过"的咖啡的气味则会被相当有力地呈现出来。

在土耳其咖啡壶中，咖啡是通过浸入沸水中来萃取的。

这种咖啡壶被称为"Delalar"，在阿拉伯、叙利亚和美索不达米亚地区已有 500 年的使用历史。

## 渗滤咖啡

喝咖啡时入口没有一点儿恼人的咖啡粉的愿望激励了许多人去尝试找到解决方案。比如，1832 年的一本法国教科书中就解释了如何用明胶使得咖啡澄清。作者本人采用了这种方法，结果大部分咖啡最美妙的香气都没了。

为了能研制出清澈的咖啡，最简单的方法是将热水倒入被放置在过滤室中的咖啡粉上。这是个好主意，尽管设备之间存在差异，但渗滤是当今最常见的咖啡制作方法。

显然，咖啡饮品的萃取效果与咖啡豆的研磨程度直接相关。咖啡粉越细，需要的研磨时间就越长。这意味着必须一次性准备大量的咖啡，以备需要时饮用。但这会导致咖啡品味和质量的损失，因为咖啡加热后或长时间保温都会损失不少风味和特性。

为了避免这种情况，19 世纪的发明家们努力寻找更快渗滤的方式。他们发现了许多解决方案，其中一些已获得专利。我们来看看几种主要的方法。

与普通渗滤咖啡壶相比，这项 1854 年由伯明翰格里菲斯及其合伙人公司（Griffiths & Co. of Birmingham）发明的专利保证了萃取过程中有更高的水压。

这种制作于 1850—1860 年的咖啡壶可以利用真空、压力或过滤系统来酿制咖啡。

这款精致的法式咖啡壶（1820—
1830）配备了过滤系统。这项创新是
咖啡制作史上的一项重要变革，它将
饮品与咖啡粉分离开来。

这种制作于 20 世纪 50 年代的法式咖啡壶通过渗滤技术酿造咖啡。在咖啡制作好之后，移除上方的过滤器，盖上瓷壶的盖子。

这个咖啡壶的底座是铝制的，上部可拆下来，摆在桌上更好看。这台制作于 1960—1970 年的咖啡机通过蒸汽压力提取饮品。

这款法式咖啡壶由布伊隆和西瑞（Bouillon & Siry）设计，并于1872年取得专利，在法国和英国非常受欢迎。使用时，水被抽送上来反复过滤咖啡粉。

## 重 力

咖啡渗滤器的传统形状为倒锥形。显然，盛放在锥体内的咖啡粉薄厚不均，因此，在水流通过时产生的阻力大小不同，故而咖啡的萃取程度不同。

在寻找通过咖啡粉的路径时，水也会产生滑坡和聚集体，从而在重力作用下形成通路。因此，发明家们聚焦于寻求这方面的改良之道，以确保咖啡粉层厚度均匀，热水穿过粉层时能渗散均匀。第一台过滤咖啡机就是这样产生的，不过，它的发明人是巴黎大主教让 - 巴蒂斯特 · 德 · 贝洛伊（Jean-Baptiste de Belloy）。

然而，1802年，亨利翁（Henrion）取得了一种带有保温功能的双室咖啡机专利。不久之后的1806年，这一设计理念便被海德特（Hadrot）所摈弃，而他通过引入可调节咖啡粉层的紧密度且能确保水流均匀分布的压平机来完善面板的稳定性。在饮品的感官特性方面，阿德罗还试图解决材质的问题：当时的咖啡壶是铁制的，金属铁与咖啡中的酚酸相互作用，释放出金属味。而后，阿德罗发明了一种咖啡壶，其过滤器用锡铋合金制成。

咖啡制作方式

20世纪初的马口铁那不勒斯翻盖咖啡壶。

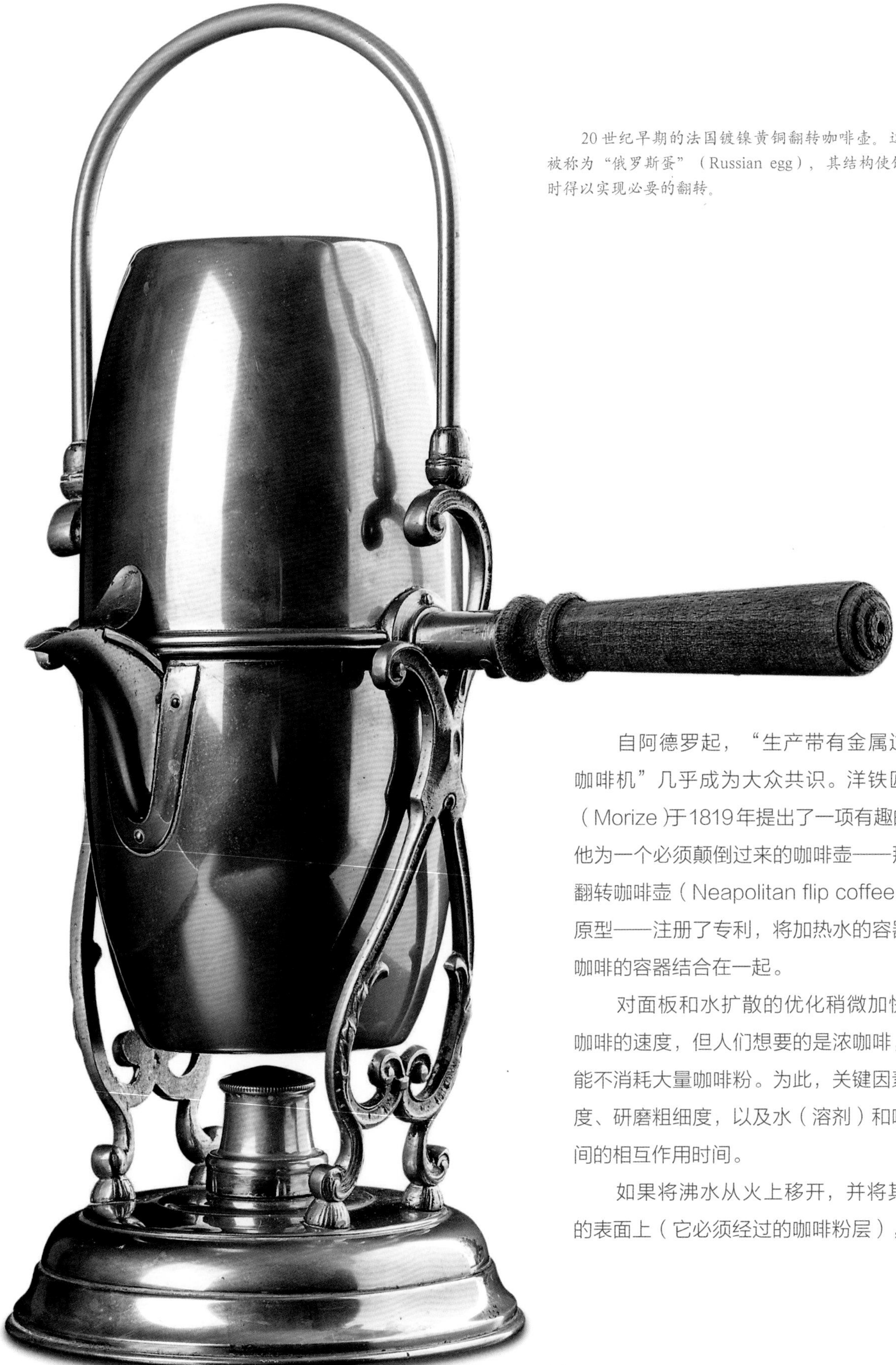

20世纪早期的法国镀镍黄铜翻转咖啡壶。这种咖啡壶被称为“俄罗斯蛋”（Russian egg），其结构使饮品在烹煮时得以实现必要的翻转。

自阿德罗起，“生产带有金属过滤器的咖啡机”几乎成为大众共识。洋铁匠莫里兹（Morize）于1819年提出了一项有趣的创新，他为一个必须颠倒过来的咖啡壶——那不勒斯翻转咖啡壶（Neapolitan flip coffee pot）的原型——注册了专利，将加热水的容器和收集咖啡的容器结合在一起。

对面板和水扩散的优化稍微加快了制作咖啡的速度，但人们想要的是浓咖啡，且尽可能不消耗大量咖啡粉。为此，关键因素变成温度、研磨粗细度，以及水（溶剂）和咖啡粉之间的相互作用时间。

如果将沸水从火上移开，并将其置于冷的表面上（它必须经过的咖啡粉层），那么水

1920—1930 年的德国电动咖啡机，通过持续泵水和渗滤的方式煮咖啡。

温将会下降。在这种情况下，受影响的并非烹煮速度，而是饮品浓度。尽管对我们来说，如今用较低的温度烹煮是好事，但彼时情况不同。翻转咖啡壶限制了水冷的问题，但在 1819 年，一个名叫劳伦斯（Laurens）的人发明了一种泵循环咖啡机，并取得了专利，该咖啡机有一个耐压的下壶，下壶中的水经加热后被推入歧管，并由此处被输送到上壶中冲咖啡。珍妮·理查德（Jeanne Richard）女士 1837 年发明的咖啡壶又向前迈进了一步，她的咖啡壶能通过在面板上回收咖啡来调节咖啡浓度。其成品咖啡很浓，但口感不是很好。

## 真空咖啡壶

19 世纪上半叶，咖啡制作技术将真空用于密闭的双壶系统。一个壶内装有水，放置在热源之上，另一个壶内装有咖啡粉。当水温升到合适的温度时，从热源移开咖啡壶，使水冷却下来，从而产生低压，将液体吸入装有咖啡粉的另一个壶内。当时，数十种真空咖啡壶专利被注册，这种技术成为一种颇受欢迎的烹煮咖啡的方法，当可以安全地用实心玻璃制造这种咖啡壶时，其受欢迎的程度更高。这种壶极少使用金属制作。此项技术加快了渗滤速度，但这种咖啡壶易碎，使用和清洁起来也相当麻烦，最终使得整个过程非常耗时。另一方面，从感官角度来看，用这些真空壶煮出的咖啡极妙。这个过程观赏起来也十分精彩，而且这种咖啡壶在亚洲很常见，许多咖啡馆都有这种咖啡壶，如今改良后的版本更易使用。

第 98 页图：这个真空咖啡壶于 1855 年在维也纳获得专利。其"分级"结构使整个咖啡烹煮过程自动完成。

液 压

　　第一个液压咖啡壶由法国人雷阿勒伯爵（Count Réal）于 1830 年发明，后来在 1854 年由英国人卢瓦塞尔（Loysel）改进发明。他们的发明是通过在咖啡粉上方放置一定容量的水来烹煮咖啡，该过程促成了值得称道的效果——能够使用更精细研磨的咖啡粉，从而提升咖啡萃取过程的效用。比较这两种液压壶，卢瓦塞尔发明的咖啡壶尤其受欢迎：这款精致且非比寻常的咖啡壶的生产，贯穿了整个 19 世纪及以后。

第 100 页图：19 世纪晚期英国镀银纳皮尔咖啡壶（Napierian coffee maker）。

## 蒸汽压力

自古希腊时代以来，人们就已经知晓了蒸汽的力量，但19世纪是典型的"蒸汽世纪"，例如那时发明了蒸汽机——这是在许多方面取代了动物劳动力的新发明。咖啡制作界也无法绕开这条进步之路，发明者立即将蒸汽加入咖啡烹煮过程——除了少数例外的情况，该过程总是需要热量和水。我们所知道的最早的专利之一，是1932年由路易斯·伯纳德·拉博（Louis Bernard Rabaud）发明的一种咖啡壶——基本上是意大利摩卡壶的先驱——其通过蒸汽压力将水推过面板。继拉博的发明之后，还有塞缪尔·帕克（Samuel Parker）喷泉咖啡机（1833年）、亚历山大·勒布朗（Alexandre Lebrun）咖啡壶（1838年）、乔万尼·马利亚·劳吉亚（Giovanni Maria Loggia）咖啡壶（1857年）、埃克（Eike）双室咖啡壶（1878年），以及其他大型咖啡机，比如安吉洛·莫里昂多（Angelo Moriondo）1884年的发明和鲁易基·贝泽拉（Luigi Bezzera）1905年的发明。

正如我们今天所知的那样，这些成果打开了浓缩咖啡世界的大门：即使这些机器很难生成2个大气压，但其制作咖啡的速度已经更快，且萃取效果更好。但实现如此效果有赖于高温，而这一因素往往会破坏植物细胞中的香气。

这款电动咖啡机由洛伦巴达（La Lombarda）于1920—1930年生产，使用蒸汽压力冲泡咖啡。

咖啡制作方式

上图：这款 20 世纪 60 年代的意大利电动咖啡壶可以同时从壶嘴中倒出 4 份咖啡。

下图：这个 20 世纪中期的咖啡机带有警报器，由都灵的戈德（Gaude）制造。这款咖啡机到了特定的时间电阻会启动，将咖啡倒入杯中，继而因咖啡杯重量增加会触发警报信号。

这款意大利美好年代( Belle Époque )咖啡机一次可以冲泡 2—4 杯咖啡。

咖啡制作方式

这款制作于 1905 年的咖啡机是首批专为咖啡馆设计的，其特点是形状为立柱形，用燃气炉对炉膛加压。

一台 1920—1930 年生产的家用浓缩咖啡机，其设计非常类似咖啡馆使用的大型专业机器。

## 机械压

蒸汽是一种很好的资源，但并非制作咖啡的最佳选择。知道这一点的弗朗西斯科·意利（Francesco Illy）在 1935 年获得了压缩空气机的专利。阿希尔·贾吉亚（Achille Gaggia）于 1947 年取得了带有弹簧构件的咖啡机专利，这款产品能够在水面上施加大约 8 个大气压。

最终，这项发明同 100 多年来的数百种咖啡烘焙机所取得的进步一起，促成了意大利浓缩咖啡的诞生。飞马（Faema）公司走完了这段旅程的最后一步，于 1960 年发明了一种通过容积泵施加压力的咖啡机。第二年，具有历史性意义的飞马 E61 咖啡机面市。

这台 20 世纪 50 年代产的咖啡机依靠手控压力作为动力。水必须单独加热，然后通过压低两个杠杆被注入研磨好的咖啡粉中。

### 渗滤、冲泡、煎煮有何区别？

提及咖啡，这些术语有时会被用作同义词，尽管它们不是。它们对应的是截然不同的萃取技术。下面让我们来具体看一看：

- 渗滤：使液体通过多孔物质来实现萃取。
- 煎煮：一种基于煮沸的提取方法。
- 冲泡：将成分浸泡在热水中以提取其可溶性元素。
- 浸渍：一种在室温或冷却环境（低温浸渍）中进行，让液体和成分之间产生接触的萃取技术。

在咖啡制作中，这些体系可以共存（比如冲泡和渗滤），但如果要我们指出每种方法的流行技术，只能说土耳其咖啡属于煎煮汤，活塞式咖啡壶制作的咖啡用的是冲泡法，冷酿咖啡属于浸渍咖啡，而其他所有方法都是渗滤法。

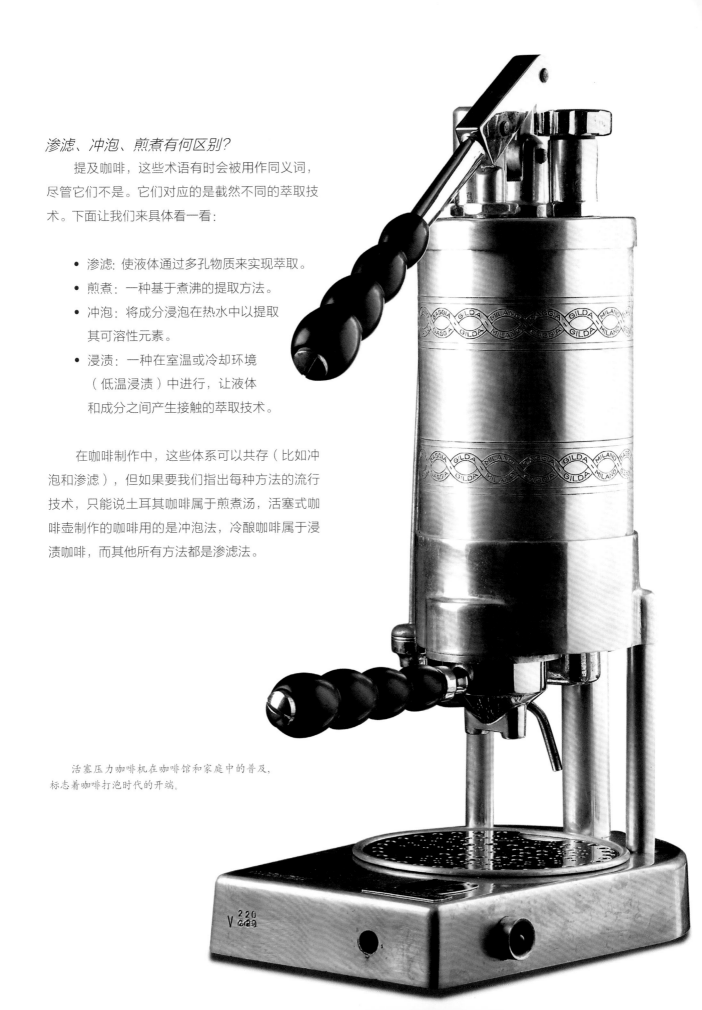

活塞压力咖啡机在咖啡馆和家庭中的普及，标志着咖啡打泡时代的开端。

# 水与咖啡

水的特性能在多大程度上影响咖啡的感官特性？在不降低调配质量的情况下，有什么创新方法能让咖啡机保持良好的工作状态？

在饮品制作中，水的重要性在某种程度上具有传奇色彩，有相当一部分人也认为饮品的整体感官特性是由水决定的，几乎要用水来作为一种地理性产源地的象征。这一点在啤酒和威士忌制造行业中可以找到明显的例子。100多年前，日本人坚信这一原则，他们试图在自己的国家复制出一种与苏格兰特征相同的水，以便开始威士忌生产。最终，这种努力被证明是非常成功的。

咖啡也不例外。全体民众将享有盛名的意式浓缩咖啡质量上的优点都归功于水：那不勒斯的民众就是如此。

水作为一种通用的咖啡溶剂，显然具有其重要性，因此，让我们试着去进一步了解在制作浓缩咖啡时，控制水和咖啡关系的机制。

## 水的特征及其与咖啡的相互作用

一般来说，水对浓缩咖啡的制备有三个方面的影响。

- 氯的存在：加氯水处理是一项公共卫生措施，但它肯定不会提高我们的咖啡质量。尽管多年来溶解在饮用水中的氯的含量逐渐减少，但该元素仍具有强氧化性。热量增加时，它会作用于脂肪，并影响油脂的形成效果。
- 异常气味的存在：水中的异常气味可能是由不同物质形成的。其中最糟糕的是硫化物，它们直接影响咖啡的感官特性，覆盖花香和新鲜水果香气。
- 钙盐和镁的存在：会增加水的硬度。

氯所产生的负面影响是它会减少浓缩咖啡中的油脂，并覆盖了一系列原本可以令人非常愉

咖啡制作方式

悦的香气，特别是大多数咖啡爱好者都十分喜爱的花香。

异常的气味并非那么不易察觉。一般来说，它们的存在应该是对不使用特定类型水的警告，但在感官水平上，它们的效果可能会有所不同。它们可能会降低芳香强度，消除一系列芳香的细微差别，甚至带来更异乎寻常的气味。

可以通过两种方式避免氯和异常气味的影响：使用无氯和无气味的水，或者配合使用水罐和活性炭过滤器，都可以达到消除它的效果。

但第三点值得我们关注：水的硬度与水中阴离子（硫酸根、碳酸根等）和阳离子（钙离子、镁离子等）的含量组合相关，分为永久硬度和暂时硬度，它们共同决定了水的总硬度。正常情况下，出现在市场上常见成套设备上的硬度参数，都指总硬度。

永久硬度主要是由硫酸钙引起的，不能通过加热水的方法来除去；而暂时硬度是由于碳酸盐受热会在咖啡机设备上产生结垢而造成的。

在这里，我们得到了关键点：硬水可以制作更好的咖啡，但这个特点与保持浓缩咖啡机清洁和高效的需求相冲突。钙是保持醇度、稠度，以及形成稳定、有弹性的油脂的关键因素。事实上，这种阳离子改善了蛋白质的结构，当咖啡倒入杯中时，蛋白质结合了碳水化合物胶体，并且由于咖啡中所含的残留二氧化碳的作用和重量密度的多样性，蛋白质上升到表面形成咖啡脂。

通常，使水变软的过程是用钠替代钙来实现的，钠是另一种具有不同性状的阳离子。特别是如果 pH 值降低（酸度上升），钠不仅对金属具有一定的侵蚀性，还有让冲泡好的咖啡变淡的倾向，如此产生的油脂很少，且几乎没有弹性。为了在确保咖啡机正常工作的同时改进浓缩咖啡的制作方法，专业级和家用级设备创新都被研发了出来：新过滤器可以将水垢保护与消除不需要的物质相结合。

# 咖啡制作方法

　　正如我们所了解的，咖啡一直深受人们喜爱，因此，几百年来，人们一直致力于寻找最佳咖啡烹煮方法。人们根据自己的知识水平、不同的可能性和信念来创造不同的方法，定义各种各样的技巧。以不同的方式处理这种自然产物会产生截然不同的效果。除核果汤之外，我们不能说有哪个单一咖啡制作方式是流行的。毕竟，不同的文化有不同的方法。

### 意式浓缩咖啡

　　将水强注入咖啡层便可得到一杯浓缩咖啡，它是一种具有可溶性、悬浮性和乳化化合物的多相饮品。事实上，所有类型的咖啡都具有相同的特性，但浓缩咖啡不仅特别突出了悬浮和乳化的化合物，而且突出了它在这两者和可溶性化合物之间产生的特殊关系。

　　到了 19 世纪末期，西方国家将咖啡作为一种惯常的饮品饮用已经至少有 3 个世纪了。在这段时间内，人们发明了许多咖啡制备系统。然而，这不是一项简单的任务，因为所涉及的不仅仅是咖啡冲泡：该过程必须快速，让人们能喝到刚烹煮好的新鲜咖啡，同时仍要保留从咖啡粉中提取的所有精华，使咖啡渣中所残留的宝贵成分的含量降到最低。

　　基本上，咖啡界已经至少努力了 3 个世纪，来满足 3 种强烈相关的需求：

- 速度：如果咖啡因其咖啡因而备受青睐，那么获取咖啡因最快的方式，就是像过去那样吃一份咖啡叶沙拉，或吃几粒咖啡果，生熟皆可。现在，随着全球化的发展，每天都会有新的产品供应方式。但是只有"味觉受虐狂"才会喜欢这种产品。我们不清楚最初源于哪位的灵光乍现，才有了"烘焙豆子"的想法，但这一想法关系重大。因为只有通过加热，咖啡豆才能散发出我们熟悉且钟爱的精致香气。同样特别的是，相对少量的水也能提取咖啡中的美妙成分。热水还是冷水呢？都可以，但是冷水需要的时间更长。因此，尽管从1832年起就已经有了冷萃技术，但加工速度非常慢，所以很少使用。另一方面，热水加快烹煮速度的效果很明显，故通过增加压力，水的沸点升高，烹煮过程变得更快，饮品也更为浓郁。但是这样得到的饮品口感不太好，因为浓郁的提取物更突出苦味和涩味，导致损失了某些优雅的香气。

- 浓度：在判断食物所带来的生理效应方面，人类感官很少失败，咖啡也不例外。事实上，从起源来看，浓咖啡一直以来被视为一种对神经系统有很大影响的饮品。咖啡浓度由3种因素决定：香气强度、稠度（醇厚或者糖浆状）及苦味。

  有3个决定咖啡浓度的变量：品种（刚果属咖啡——罗布斯塔就属于该品种——煮出的咖啡比阿拉比卡咖啡更为浓厚）、烘烤和萃取。深度烘焙罗布斯塔咖啡豆制作出的咖啡很浓，但是口感欠佳。

  事实上，在17世纪的欧洲，阿拉比卡咖啡豆是唯一的选择。假如一个法国贵族——穆罕默德苏丹大使的客人——觉得自己应该从鸟形碗中取出点糖加进咖啡杯中，大家都会觉得这是一个相当糟糕的选择。但是咖啡饮品的味道会大大改善，因此从那时起（1669年），就连大使也开始在咖啡中加糖。

糖不仅在心理上补偿苦味，而且能提高醇度，同时延长香气的持久性。正如 1638 年德国解剖学家和植物学家约翰·韦斯林（Johann Vesling）在开罗记录的那样，彼时的埃及已经开始使用糖了，在那里，咖啡果实甚至被制成蜜饯。然而，咖啡是一种昂贵的产品，人们习惯充分利用它。与其说是通过烘焙——鉴于当时可用的手段，可能会采取相当接近的方式进行（还烧焦了不少咖啡豆）——不如说是通过萃取：咖啡实际上一次又一次被煮沸，最多 10—12 次。在早期，咖啡是用土耳其方式制作的：将水倒入经典的双圆台铜壶中，把壶放在火炉上将水煮沸，再将咖啡粉加入水中，然后继续在火炉上烹煮。当水再次沸腾时，再次从热源上取下咖啡壶，直到饮品冷却后，再进行最后一次加热。布里亚·萨瓦兰规定这个过程不要重复超过 3 次，但是萨瓦兰不只是一位高雅的美食家，也是一位富人。而穷人则习惯一遍又一遍地煮沸咖啡，只为闻到咖啡的香气。

- 愉悦感：当某件事情让我们感觉良好时，我们的大脑会将之归类为有用的事物，这就是为什么即使有与之相悖的信号降低我们的愉悦程度时，我们也依然喜欢它。这也是为什么我们接受啤酒、某些烈性甜酒和咖啡的苦味。然而，当苦味和涩味（口腔中令人不快的干燥感）相结合时，其叠加产物就变得令人难以忍受。在过去，咖啡的种植不像现在这样成问题，市场上到处都是罗布斯塔咖啡。而问题是，类似烘焙的方法通常会导致豆子烧焦，而咖啡和水的反复沸腾必然也降低了咖啡带给人们的愉悦度。如果说，一方面，咖啡粉的存在增加了咖啡的浓度，那么另一方面，咖啡粉入口令人不悦，也加重了苦味和涩味。因此，为了改善咖啡烹煮，人们对咖啡壶的形状进行改良，并在倾倒口处引入过滤器，并提升咖啡杯的质量，但是问题并没有得到解决。人们希望他们的咖啡浓热，是新鲜现煮的而不是加热的，因为这还涉及油脂变味的问题，该问题可能在烘焙后几天才体现在咖啡豆上（如果没有包裹起来），但在研磨后几小时内就体现在咖啡粉上，烹煮后几分钟内就体现在咖啡饮品上了。

### 咖啡馆里的意式浓缩咖啡

当然，浓缩咖啡成功了，世界各地数以百万计的咖啡馆都在供应浓缩咖啡，这并不只是因为人们有着快速制作咖啡的需求：一杯浓缩咖啡如果烹煮到极致，也保留了无与伦比的品味。尽管过滤系统在全球范围内仍然有着无上权威，但据统计，目前有超过 200 万台专业咖啡机在制作浓缩咖啡。而"专业咖啡机"是指那些交由调酒师来维护的咖啡机，调酒师负责亲自选择要研磨的混合物，并且知道如何操作机器。因此，我们讨论的不是超级电子自动浓缩咖啡机，尽管它们智能且高效，却不能指望依靠人为因素而让浓缩咖啡变得更好喝。

咖啡机的发展对意式浓缩咖啡的发展做出了重大贡献，然而在今天，一台优质的咖啡机仍然对咖啡质量起着决定性作用。

意式浓缩咖啡机核心技术源自意大利：在1857年布雷西亚展会上，乔凡尼·洛贾（Giovanni Loggia）展示了一台蒸汽咖啡机。1884 年，安杰洛·莫瑞德（Angelo Moriondo）推出了一台能够满足咖啡厅需求的大型咖啡机，并取得专利。1901 年，这台机器由米兰工程师鲁易基·贝瑟拉（Luigi Bezzera）加以完善，然后专利注册了自己改良后的咖啡机。一步一步地，在 1970 年，第一台带有多个蒸煮器的咖啡机问世。这项技术创新的目标是达到最大的稳定性和热柔性，来改善咖啡烹煮的最后一步。在这些机器中，蒸汽生产与用于煮咖啡的水的加热是分离的。在 20 世纪 80 年代，第一台超自动机器问世，配有一个或者多个定量磨豆机。

今天，更多的技术运用于咖啡机的研发中，温度调节方面的高度自动化和高度灵活性能够最大限度地让咖啡机来定制最终产品。现在市面上有几种可以加热浓缩咖啡所需水的系统，即热交换系统、杠杆系统和独立蒸煮器系统。

### *纯正意式浓缩咖啡*

一杯意式浓缩咖啡是深褐色的，上面有黄褐色的榛色油脂。油脂非常细腻，质地厚实且无气泡。咖啡香气浓郁，带有鲜花、水果、烤面包和巧克力的清晰特征，即使在吞咽后仍能感受到所有香气。香气能持续数秒，有时甚至持续几分钟。咖啡味道圆润，浓稠如天鹅绒般柔和，酸度和苦涩均衡，二者很好地融合，没有或者少有涩味。

这就是意大利国家意式浓缩咖啡协会（成立于 1998 年）对特浓咖啡的定义，为确保消费者体验到最大的乐趣，协会同时提供了一份图表，涉及意式浓缩咖啡的制作方法，以及制作时所使用的定量研磨机、咖啡机和咖啡师等信息。

咖啡馆供应的特浓咖啡不是现成的饮品：它是在现场制备的，因此咖啡师对于一杯无可挑剔的咖啡的制作至关重要。咖啡师要选择混合配方，调整定量研磨机，使研磨得当，并调节好机器的压力和温度。一杯好咖啡的其他决定性因素是咖啡师的感官和一些简单的物理参数：咖啡师必须在 25 秒内用约 90℃ 的水和 900 千帕的压力制成 25 毫升咖啡。

## 家庭自制浓缩咖啡

今天，我们能够在家自制的浓缩咖啡是咖啡馆咖啡的延续，尽管自制咖啡尚未达到与咖啡馆咖啡同样完美的程度。原因很简单：出于商业原因，家用设备必须要更便宜且更易使用，这就是为什么家用设备的性能不是很好。目前有两种在家制作浓缩咖啡的系统：胶囊和自动咖啡机。

### 胶 囊 咖 啡

在 20 世纪末期，咖啡易滤包的发明简化了家用浓缩咖啡的制作过程：将单剂量研磨好、压缩过的咖啡粉装入纸过滤器中。这是一个伟大的发明，因为它使家庭自制浓缩咖啡变得简单而快捷，而且与咖啡馆中的咖啡差不太多。这个想法也为传播可单独品尝的新型单一产地的咖啡铺好了路，从而提供给咖啡爱好者尝试新口味的机会，并且增加了他们对来自遥远国家的咖啡的知识。下一步是浓缩咖啡胶囊的发明：将5—7克的咖啡粉装入不同形状和尺寸的塑料或金属小盒中，同时必须将其插入一台能在压力下供水大约15秒的机器中。

今天，易滤包和胶囊代表了世界各地的咖啡市场的很大份额，并开始蔓延到咖啡馆——由于业务量或者其他因素，专业的浓缩咖啡机不是个合适的选择。

### 全自动现磨意式浓缩咖啡机

这些智能的机器可以即刻磨碎5—10克咖啡豆，并在15—20秒内制作一杯浓缩咖啡。与咖啡胶囊相比，这个系统对环境的影响更小，一旦收回投资，确实可以节省大量的资金。此外，这个系统可以让消费者探索单一产地的咖啡，并体验新的口味。

### 其他类型的浓缩咖啡

浓缩咖啡现在已经遍布世界各地，全世界有数百万台浓缩咖啡机在运转。但并非所有的浓缩咖啡都像意式浓缩咖啡。要制作意式浓缩咖啡，你需要使用7克咖啡粉来制作25毫升的咖啡。但在其他国家，一杯浓缩咖啡是用10克或更多的咖啡粉制成的，而在某些文化中，一杯理想的浓缩咖啡甚至可以是50毫升。

不止于此，从技术上讲，甚至由自动售货机（如安装在工作场所和许多公共场所的咖啡机）制造的咖啡都是浓缩咖啡。在许多情况下，扭曲的商业逻辑使在制作浓缩咖啡方面出现了严重的质量损失。在这些情况下，并不能提供美味的体验。这主要是由于这些自动售货机使用的咖啡粉质量很差，以及不正确的清洁和维护。但现在的机器配备了优秀的萃取技术，可以提供非常好的咖啡。

### 过滤系统

过滤系统是一种咖啡烹煮技术，使用预热到约95℃的水，基于重力渗滤完成。大约10—15克的咖啡豆能制成约200毫升的咖啡。过滤器是为那些喜欢大量饮用咖啡的人准备的系统，它是一种小型的冲泡系统。如果制作得当，可以减少苦味，平衡酸度，带来良好的味觉体验。这是世界上最常见的方法，多用于像北欧国家和美国这样的咖啡消费大国。

过滤法是咖啡世界引入的第三种方法。如果饮用核果汤的结果不能让感官获得满足，而仅仅是咖啡栽培区居民喜欢的东西，那么将烘焙研磨过的咖啡煮沸，则会产生一种残留物，不可

避免地会残留在口中。所以，这就是为什么在 18 世纪，人们想出不同的方法，开始将咖啡粉装入一个布包浸在沸水中。一个名叫唐马丁（Donmartin）的人将咖啡包挂在咖啡壶的上部，完善了这项技术。咖啡壶与台面之间保持合理的距离，以便在其下方放置小烧炉。

咖啡的地位很重要，连巴黎大主教让 - 巴蒂斯特·贝洛伊（1709—1808）都设计了自己的咖啡壶，引入了一个简单但是非常有效的创新：他将咖啡壶分成两个部分——下壶是圆柱形的，壶嘴配有塞子，还装有把手；上壶也是圆柱形的，底部装有过滤器，顶部装有盖子。有了这个系统，人们可以冲泡出一种充满香气的咖啡。这项技术非常成功，以至于贝洛伊咖啡壶成为卓越的咖啡壶，至今人们依旧在使用。在 19 世纪初，亨利翁和哈德罗特完善了这项发明。

基于重力渗滤的过滤系统是许多其他系统的本源。每个系统都有自己的优点和缺点，例如，将咖啡粉放入帆布锥形滤布中再倒入沸水，双层咖啡机由金属过滤器支撑咖啡，双层过滤系统能生产更均匀的咖啡层，浸入式过滤器能产出更多的量（高产量但低质量），等等。与此同时，新的水加热系统也正在开发中，最终生产出能够将热水倒入咖啡粉中的电机，并发明出新型过滤器。

今天，这种方法的简便性显著拓宽了其发展前景：小到在日本及其他地区只要找到足量热水就能使用的单杯咖啡用具套装（包括杯子、过滤器、咖啡、糖和奶粉），大到能够为社区会议提供大量咖啡的大型咖啡机，均被广泛使用。

在咖啡爱好者及不同咖啡制作方式和服务方式的世界里，我们看到过滤系统的传播是以技巧和控制力为基础的，这在一定程度上也是有阶段性效果的，并且已经在咖啡馆中被用作向新消费者来推广咖啡新体验的方式。那么让我们来看看新旧两种主要的过滤系统。

### 那不勒斯翻转咖啡壶

历史是以书面记录为基础的，那不勒斯翻转咖啡壶的发明可追溯到 1819 年，归功于名叫莫里兹（Morize）的法国人。然而，没人说得清这项技术是否在此之前就有了，也说不清是否在那不勒斯使用过。总之，这类咖啡壶在那不勒斯闻名于世，也许源于这座城市对重度烘焙的热衷——重焙之下，即便用过滤壶也能煮出香气浓郁的咖啡。但实情也有可能是反向的：或许是出于对浓烈口味咖啡的热爱，那不勒斯人重度烘焙咖啡豆，以便最大限度地利用翻转咖啡壶进行风味萃取。因为翻转壶主要依靠重力，因此无论多慢，萃取能力也不如摩卡壶或意式浓缩咖啡机。最初那不勒斯翻转咖啡壶是铜制的，从 1886 年开始出现铝制的。如今，最常见的是不锈钢制的。

这种壶也被称作"那不勒斯翻转咖啡壶"（cuccumella，那不勒斯语），通常是圆柱形的，其中一个容器用来盛水，另一个容器用来盛煮好的咖啡，中央是一个装咖啡粉的双重过滤器，水流从中穿过咖啡粉层。

使用那不勒斯翻转咖啡壶制作咖啡，首先要向盛水的容器注水。该容器的特征是带有一个小孔，以防止水在沸腾时产生内部压力，同时还可以在水烧开时提示使用者。接下来在过滤器中放入一些粗磨咖啡粉，再将其盖好并放入特定的隔层。随后须将用以盛放煮好的咖啡的容器安装就位，这样，咖啡壶准备就绪，可以加热了。水开时，一定要把咖啡壶倒过来，从而让重力吸引热水穿透咖啡粉层，把煮好的咖啡送到现已位于下方的容器中。这个过程耗时约 5—10 分钟，时长主要取决于咖啡粉的颗粒大小。

### 沙漏咖啡壶

　　沙漏咖啡壶是化学中使用的锥形瓶的直系，由彼得·施伦博姆（Peter Schlumbohm）博士于 1941 年在德国发明。沙漏咖啡壶是两个锥体相连的玻璃容器：底部是大一些的椎体，用来收集煮好的咖啡；上方是小一些的椎体，用来放置过滤器。

　　沙漏咖啡壶有不同大小，可提供 3—6 杯咖啡。按理想的比例，每杯需要 15 克的咖啡。所以制作 4 杯 200 毫升咖啡的过程如下：取一升热水（95℃），并将滤纸放在咖啡壶的上圆锥中。用一些热水冲洗过滤器，使水穿过滤纸，再把水倒掉。

　　将咖啡粉放入过滤器，然后将部分热水转圈淋在咖啡粉上，直到咖啡粉完全浸透。等待 45 秒，再淋入 1/4 的热水，再次等待。也可以使用木勺搅拌湿粉，但每次倒水之后都必须等待 30 秒，才可以再倒。一旦下椎体中存足 800 毫升煮好的咖啡，就可以盛杯供饮了。

　　沙漏咖啡壶滤纸比其他过滤方法的滤纸厚，所以过滤过程更慢，萃取效果更好。沙漏咖啡壶也可以配合金属过滤器使用，过滤器在使用后必须清洗，并彻底干燥。

## V60

　　V60 咖啡壶得名于把它放置在过滤器的呈 60°角的 V 形上部，下部则是用来收集煮好的咖啡的容器。

　　将 300 毫升水加热至 95℃。把滤纸放在其上部，用约 100 毫升的热水冲洗，待水都流入下部后，将水倒掉，以清除滤纸的味道。然后放置约 13 克很粗的咖啡粉。将约 25 毫升的热水转圈淋在咖啡粉上，等待 30 秒。然后再淋入 25 毫升水，再等待 15 秒，往复循环，直至在下部容器中存有 200 毫升煮好的咖啡。如果咖啡研磨度刚好，萃取过程应持续 2 分半到 3 分钟。如果耗时长，则表明咖啡豆磨得太细了；如果耗时短，则表明咖啡豆磨得太粗了。

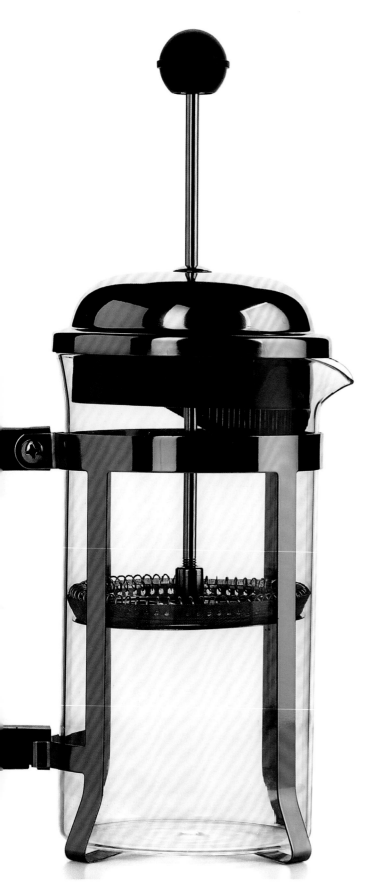

## 冲泡、煎煮与浸渍

对咖啡的热爱促成了无数的实验，人们几乎将几百年来发现的所有经典技法都应用于从咖啡这一天赐良品中萃取一切有益和健康的东西。其中一些方法流行开来，另一些则没有，但咖啡爱好者从未停止过实验，看来将来也不会停止。所以我们可以预见未来一定会有新技术。不过我们先来看看与上述技法相关的主要烹煮方法。

### 法式滤压壶

法式滤压壶是一种活塞式咖啡壶，由一个放置在金属框架上的玻璃主体和一个活塞组成。金属框架有四脚，将容器抬起；活塞上带有滤网，以弹簧封边，以防止咖啡粉绕过滤网渗入咖啡中。

用此壶制作咖啡的方法很简单：先用热水加热玻璃壶身，然后在玻璃罐内加入 14 克咖啡粉，并倒入 200 毫升 95℃的热水，确保咖啡粉浸泡均匀。冲泡 4 分钟后，撇去泡沫，安装活塞并向下按压，将咖啡粉压在壶底。至此，咖啡就制备好了：咖啡粉的粗细度和冲泡时间长短，决定了咖啡具有几分醇度和

咖啡制作方式

香气；而咖啡制作者的技术和法式滤压壶的
质量，则决定了咖啡的清亮程度。

## 聪明杯

使用聪明杯冲泡咖啡的方法源自中国台
湾。制作时，需要将一个玻璃锥形的特制容器
安放在装咖啡的容器或马克杯的顶部。

使用聪明杯制作咖啡的方法是：将水加
热至 90—92℃，并将滤纸放入锥形容器中，
用部分水冲洗滤纸。然后将 14 克咖啡粉倒入
锥体中，并加入 200 毫升热水。待咖啡冲泡
两分半钟，并完成过滤，过滤持续约 1 分钟。

## 爱乐压

　　这是最新的咖啡冲泡方法之一，由艾伦·阿德勒（Alan Adler）于 2005 年发明，它由一个末端带有过滤器的圆柱体以及能在圆柱内部活动的活塞构成。

　　使用爱乐压制作咖啡的方法相当简单：将水加热至 90—93℃ 。先使用部分热水冲洗固

 咖啡制作方式

定在圆柱体上的过滤器。然后加入 14 克适度研磨的咖啡粉，并注入 200 毫升热水，确保咖啡粉浸泡均匀。待咖啡粉浸泡 1 分钟后，用活塞将咖啡推过过滤器，将煮好的咖啡直接收入杯中。这种方法可以很个性化，可以依据个人口味进行调整。

## 虹吸壶

　　发明于19世纪上半叶的虹吸法，无疑是最令人叹为观止的咖啡制作方法之一。虹吸壶的结构包含两个壶，一般说来，是两个球形的玻璃容器，一上一下放置，中间通过一个过滤器相连。

　　使用虹吸壶制作咖啡的方法是：向下壶中注入300毫升的水，向与下壶相连的上壶中放入15克咖啡粉。接着打开下壶下方的热源，将水煮沸。由于气压原因，沸水会升到上壶中浸没咖啡。等所有的水都升至上壶时，关掉热源。而这又会使下壶内的气压降低，上壶中的咖啡经过过滤器被吸入下壶。这样，咖啡便制备好了。

　　为了让过程更快（约90秒），你可以使用预热好的水。

咖啡制作方式

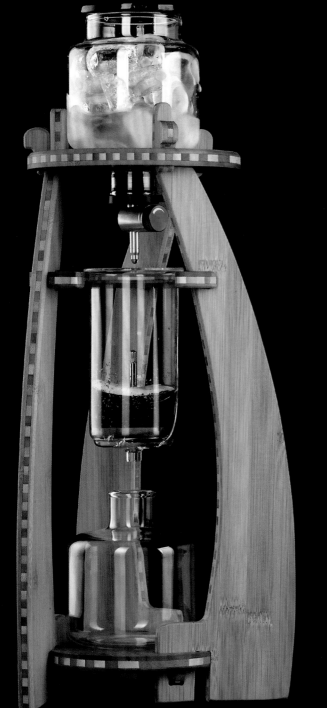

## 冷 泡

有一本1832年的手册中提到了冷萃咖啡技术,其中着重介绍了这种方法如何通过减少苦味和涩味成分来彻底改变饮品的感官特性,并极大程度地保留香气。这种方法之所以没有传播开来,是因为耗时长:泡1升咖啡需要6—24小时,时长决定了口味。冷泡法有许多变种,在200周年之际还新出了几种配方。

冷泡设备也称作冰滴设备,虽然纯粹主义者强调两者之间存在差异,但基本上都是上方有水容器(可装冰水混合物或只装冰),中间有咖啡粉的过滤器,下面有容器装泡好的咖啡。第一步是向过滤器中装填较粗的咖啡粉,并用水浸透。然后将收集用的容器放在过滤器下方,调节阀门,使泡好的咖啡以每10秒6—10滴的速度流出。咖啡粉与水的比例应为每升水放70—90克咖啡粉,所以,每100毫升水应放7—9克咖啡粉。

## 秘鲁咖啡冲泡法（GOTA A GOTA）

这是一种典型的秘鲁制作方法，你需要用到一把由几乎相等容量的两个腔室组成的圆柱形咖啡壶。将上面的腔室装满咖啡粉，分多次缓缓注入开水（手法很关键，多靠熟能生巧），直到下面的腔室中充满了咖啡精华。的确，这种情况下煮出的是真正的咖啡精华，一种能够在 72 小时内保持不变的糖浆，品尝时可以用热水稀释。这个过程非常漫长，因为每当粉末开始干燥，都必须周期性地添加热水，并且只加非常少的量，只能没过咖啡粉一点点。

如果咖啡粉质量高，烘焙和研磨适当的话，从感官角度来看，这样烹煮的咖啡非常耐人寻味。

## 土耳其咖啡（TURKISH COFFEE）

从出现的历史上看，土耳其咖啡制作法是继核果汤后的第二古老的制作法。从技术上讲，土耳其咖啡是一种汤剂，因为它是用水煮咖啡粉制得的。我们将这种方法定名为"土耳其咖啡"，是联合国教科文组织将其收入世界非物质遗产名录时的名称，但这项技术实际上在世界其他许多地方都出现了不同的变体，如在中东许多国家和整个巴尔干半岛，当然还有土耳其。

土耳其咖啡的烹煮要使用一种特殊的铜或黄铜长柄罐，被称为"伊芙利克壶"（ibrik）或"黄铜咖啡壶"（cezve），可在热沙中加热，或者现在更常见的是用别的热源加热。将一杯咖啡需用的 50 毫升水倒入壶中煮沸，然后加入一茶匙咖啡，并重新煮沸。通过从热源上移开铜壶，沸腾停止，撇去面上的泡沫。再重新煮沸一次，咖啡制作完成。等几分钟，待咖啡渣沉到杯底后再饮用。

## 摩卡壶

摩卡系统是一种蒸汽压力方法，意思是由下腔室中的沸水产生的蒸汽推动水穿过咖啡粉层。事实上，摩卡壶源于诸如法国的路易斯·伯纳德·拉波德（Louis Bernard Rabaud）、德国的罗默斯豪森（Romershausen）、英国的塞缪尔·帕克（Samuel Parker）、法国的勒布伦（Lebrun）、意大利的安杰洛·洛吉亚（Angelo Loggia），以及德国的埃克（Eike）等制造商的巧妙发明。我们今天所知的摩卡壶是比亚莱蒂（Bialetti）于1933年发明的。

在比亚莱蒂的专利之前，意大利的咖啡主要是用渗滤咖啡机烹煮的，最常见的是那不勒斯翻转咖啡壶。但是，最初被误称为"米兰"咖啡壶的摩卡壶很快就传播开来，占据了舞台的中心。我们很快就会谈到两者间的实质性差异，但必须首先交代清楚：摩卡咖啡壶诞生于皮埃蒙特山区（Piedmont）名叫奥梅尼亚（Omegna）的小镇，那里以拥有手艺精湛的金属工匠而闻名于世。那不勒斯翻转咖啡壶简单依靠重力使热水穿过咖啡粉渗入下方的收集容器，不仅过程缓慢，而且研磨过程中最轻微的偏差或咖啡粉湿度的变化，都可能导致过程变得更漫长难耐（当你想喝咖啡时，不能一直等待），况且一旦将壶从热源上移开并翻转，则上方容器中的沸水就会逐渐冷却，在萃取方面就变得不那么高效。

摩卡壶的情况则相反：水被加热，并且由于水穿透咖啡粉层，压力会上升，因此萃取更加充分，煮出的咖啡香气更美妙，醇度也更高。

实用、轻便、价格低廉、速度足以跟上现代的节奏，而且与其他系统相比，能足够高效地萃取咖啡豆所能提供的最佳品质，这就是摩卡壶获得成功的原因。其所获得的成功无疑是巨大的，单看全球每年有大约1500万台摩卡壶售出就足以证明了。

如果我们考虑摩卡壶的平均寿命为 10 年左右，那么我们可以说，世界上有 1.5 亿台能正常使用的摩卡壶，至少全球每 10 个家庭中就有一台。但由于不是所有人都喝摩卡咖啡，如果我们只考虑那些喝这种饮品的文化群体，这个比例就会远超 10%（比如在意大利，其家庭普及率为 90%，且每个家庭至少有 2 台不同大小的摩卡壶）。

　　在每年生产的 1500 万台摩卡壶中，有 1000 万台在意大利销售，意大利是该行业的领先国家，拥有约 25 家生产商和 30 个活跃的品牌。在世界其他地方，仅有约 15 家生产商，分别位于西班牙（约 5 家生产商）、德国，以及拉丁美洲国家和其他一些国家。

摩卡壶：组件与技术

基本上，摩卡壶由底部用来加热水的容器、中间装咖啡粉的漏斗形过滤器，以及位于上部的罐状咖啡容器组成。过滤器没入底部的水容器内，距底座只有几毫米。咖啡容器的中间有一个收集器，萃取出的咖啡向上穿过它溢入容器中。

摩卡咖啡制法所依据的物理原理是水从液态到蒸汽的汽化过程。未经加热的情况下，过滤器下方的底部容器内，空气与液体之间存在压力平衡。但是当温度升高时，容器内部压力就会增加，水只能从漏斗形咖啡过滤器的末端溢出。当逐步增加压力足以对抗大气压力和咖啡粉层的阻力时，液体向上流入用来收集煮好的咖啡的上容器中。

当所有的水都流到上半部分时，蒸汽冒出，并伴有噗噗的声音，告诉我们是时候关掉热源了。

一个好的摩卡壶，参数符合以下标准：

- 提取过程中的最高水温：98℃。
- 下容器内的最大压力为 252 千帕。
- 萃取咖啡的最高温度：85℃。
- 每一剂量咖啡粉所产生的最大咖啡量：50 毫升。
- 萃取后留在水容器的水量：每杯约 5 毫升。

如何选择理想的摩卡壶

不锈钢和铝材的摩卡壶，选哪个？这似乎是选择摩卡壶时唯一需要决策的问题。但实际上还需要考虑很多其他重要因素，其中不少会对咖啡的感官特性和咖啡壶的寿命产生影响。

一起来看看：

- 材质：与铝材相比，不锈钢材质的咖啡壶看起来更漂亮，更易于清洁，更耐用。但实际上在几次感官测试中，铝制壶的表现优于钢制壶。当然也要考虑到铝的质量不同，以及要顾及其他细节。
- 内部光洁度，尤其是下容器的内部光洁度：越光滑越好，因为光滑的表面更容易保持清洁。

凹凸不平、磨损及其他瑕疵都会影响物体的耐久度，并逐渐影响咖啡的感官品质。

- 密封垫圈：实际上它是摩卡壶中唯一容易磨损的元件，特别是在拧紧时留在过滤器边缘的咖啡颗粒更易使其磨损。当密封垫圈磨损时，摩卡壶不再是密封的，这使得在烹煮过程中，壶内难以达到使咖啡上流、蒸汽冒出所需的压力水平，最终导致收集容器中只留有少量的咖啡。更换密封垫圈看似容易，但当橡胶磨损时，它显得相当难办。如今，除了橡胶垫圈外，你还能使用聚四氟乙烯垫圈，这种垫圈的密封性更好，最重要的是耐热性好（当你把摩卡壶忘在火上时，这个优点更能体现），而且通常使用寿命更长。
- 手柄：手柄的形状和位置非常重要，它可以避免手指被烫伤，也便于轻松稳定地握住摩卡壶。你要考虑的另一方面是，手柄是如何安装到摩卡壶上的。因为火焰高，或者摩卡壶放在热源上时间太长的原因，手柄实际上是摩卡壶上最易损坏的部分。如果手柄是用螺丝固定的，则很容易松动，需要更换，否则一旦损坏就很难修理。

摩卡壶：不同的形状与性能

摩卡煮法绝对是一个绝妙的方法，它的成功让制造商生产出无数种版本以满足不同需求：有些摩卡壶只能煮半杯咖啡，而有些机型则可烹煮多达 18 杯咖啡。

甚至还能可以烹煮 50 杯咖啡的、超大容量的展示摩卡壶。考虑到这款咖啡机的复杂性，尺寸的变化（微型或巨型）并不总是简单的问题，这意味着即使保持恒定体积和设计比例，效果也可能会有所不同。能保证性能最佳的摩卡壶通常是 3 杯容量，但是一些制造商通过对过程动力学的认真研究，能够设计出更小或者更大容量的机型，以便将性能差降到最低，差异甚至小到让科学的感官分析测试都无法察觉。

通常，每杯咖啡要向过滤器放入 5 克咖啡粉，但也有方法可以使用多达 13 克的咖啡粉去煮一或两杯咖啡，从而在感官性能方面呈现更佳的效果。

如何对摩卡壶物尽其用

当一位伟大的厨师被问及他认为最难做的一道菜时，他曾回答说是"煎蛋"。我们不知道这个故事是否属实，但可以肯定的是，越是简单的事情，越要注意细节。

因此，虽然用摩卡壶煮杯咖啡是厨房里最容易做到的事情之一，但是用摩卡壶煮一杯"了不起的咖啡"是需要技巧的。从何入手？显而易见，答案应该是从优质咖啡粉入手，因为如果咖啡粉不好、不适合摩卡壶，无论多么努力，结果都不会达标。我们将在随后讨论这个问题。现在，我们有一个很好的摩卡壶、一个热源、一些咖啡粉和水，首先，你必须充分冲洗咖啡壶的每一个部分：漏斗过滤器、上部过滤器（这里有密封垫圈）、上部的收集容器和下部容器。然后向下部容器注水，注到阀门或者（某些摩卡壶有的）槽口的位置。如果你遵循该规范，且摩卡壶设计合理，那么每杯咖啡需要大约 50 毫升的水。现在，可以将过滤器放到盛水容器的顶部，接下来是最难的部分：填粉。如果咖啡粉是软包装的，最好的做法是将其直接倒入过滤器，让咖啡粉堆的顶部远高于过滤器边缘。下一步是轻拍摩卡壶，使咖啡粉堆逐渐与过滤器高度持平。然后，必须把过滤器边缘以及下部容器中的所有咖啡粉末清理干净（加热时，粉末可能会导致煮好的咖啡带有焦味，还会降低容器内的压力，从而破坏最终成品，损坏密封垫圈）。最后，拧上顶部容器以关闭摩卡壶。

如果要从咖啡罐中取咖啡粉，则应使用尺寸合适的勺子，但在某些情况下，可能需要将咖啡压入过滤器。请记住，我们的目标是得到非常均匀的咖啡粉层，而不能有任何厚薄不均——那会造成水仅从某些特定区域通过，使得部分区域的咖啡粉萃取过度而其他地方萃取不足——这种情况一定会破坏你的咖啡的品质。这就是为什么用牙签在咖啡罐封口上扎 3 个眼的方法是不好用的，最终会适得其反。

所以，一旦在过滤器内部充入了适量的咖啡粉，就可以拧好上部容器，并将摩卡壶放在热源上。不过要什么样的热源呢？随你喜欢。重要的是热源必须适合摩卡壶。如果热源是燃气灶，则火焰不得超过壶的边缘。这能防止手柄燃烧，并且最重要的是，能为水提供平缓且稳定的热量，再将水推过咖啡层。在这里，我们需要揭穿另一桩荒唐事：一开始用高火，最后是极低火的说法。如果你真的想加快操作速度，

咖啡制作方式

可以在最初一段时间内保持高火状态，但是当第一波咖啡流出现时，热源等级必须保持不变，不能降低。热量分布的减少会导致水与咖啡粉接触的时间太长，从而有可能过度萃取不必要的硬木香，严重影响烹煮咖啡的风味。

看着咖啡被推进上部容器是个好习惯（从这层意义上来说，带有透明盖子的摩卡壶正合适，这样不必打开摩卡壶盖也能看到其内部），所以一有咖啡流出，就可以关闭热源。如果一个摩卡壶工作正常，咖啡的流动应该是规律的，直到最后不再发出"汩汩"的声响和喷气的声音。这时再将摩卡壶放在火上，就会把壶烧坏，使其寿命缩短，同时也会破坏你满怀期冀而精心准备的咖啡。

最后一个技巧是趁咖啡还在壶里时轻轻搅拌。收集到的不同等级的咖啡具有不同的成分，况且烹煮可能也并不总是均匀的。不事先搅拌一下就上咖啡，可能意味着你会端上几杯不同的咖啡，尤其是使用容量在 6 杯以上的大型摩卡壶的时候。

# 咖啡和感官：
# 如何享受一杯美味的咖啡

## 咖啡品鉴：人人可及的艺术

不管是出于工作原因还是对咖啡的热爱，对于那些对咖啡表现出浓烈兴趣的人而言，一杯热咖啡可以传达很多信息，包括咖啡豆的物种、咖啡豆的原产地、制作生咖啡所用到的工艺和技术，还能反映出对原材料的精心挑选和高超的烘焙技术，甚至从中得知咖啡杯制作人的技术水平。每个变量的不同都会影响千万种不同分子的精确组合，从而产生特定的组合——或者说关键的感官点，可通过我们每个人脑中的感官图所识别。

因此，咖啡品鉴是开放的，只要想学，只要足够谦逊、相信学无止境，只要愿意听咖啡专家指导，人人都可以学习。然而，我们并不好高骛远，只是着手提供信息，让专业人士和消费者可以在脑海中勾勒出意大利风格咖啡的感官特性，评估其愉悦特质，并能根据自己的感官对咖啡进行解读，然后做出合理的分类。为了达到以上要求，我们将学习意大利国际咖啡品鉴学会（International Institute of Coffee Tasters）开设的课程。该学会创建于 1993 年，拥有遍布 40 多个国家的 11000 名学生。

### 咖啡杯测

由于人类的感官高度敏感，大脑极其强大，咖啡杯测，或者说咖啡品鉴的过程就十分重要。改变品鉴的程序，我们感受的强度甚至质量也随之改变。拿起咖啡，距离鼻子近或远，我们会闻到不同的分子组合所带来的香气，嗅觉会对其"解码"，就像只要喝一小口，就会改变我们对于这杯饮品的醇度以及其他参数的看法。

无须强迫咖啡品鉴者改变太多他们的个人习惯，重要的是在评估咖啡的过程中承认并遵从那些特定的标准。以下是正确的咖啡杯测步骤：

* 步骤 1：咖啡制作好了。咖啡端上来后不要移动杯子，观察泡沫或咖啡的颜色，如果有奶沫的话观察其质地，并且问问自己对这杯咖啡外观的喜爱程度。
* 步骤 2：将杯子凑近鼻子，深呼吸约 3 秒钟，感受香气的强度，以及气味令人愉悦的程度。
* 步骤 3：啜饮大约 5 毫升咖啡，让咖啡流过口腔，然后咽下。感受咖啡的醇度、酸度和苦味。
* 步骤 4：再啜饮大约 5 毫升咖啡，嘴巴微张，让咖啡流过口腔再咽下。感受所有的余味，回想口感以及咖啡酸涩的程度。
* 步骤 5：回想一下刚刚品尝过的咖啡，用愉悦度来评价它，即这杯咖啡给你带来多少快乐。

### 咖啡品鉴生态系统

谈及感官分析，没有比现今的人类更加完美的存在了，也没有任何机器设备可以达到人类的水平。但不幸的是，人类是一种极其复杂的生物，我们的判断能力和敏感度与能够记忆和重温感官体验的大脑并不匹配。对此，必须补充一个事实，即人类的大脑会持续产生想法，品鉴者即使在做专业的感官分析时也会受到情绪的影响。个人的想法和情绪可以明显地干扰并影响判断，这就是咖啡品鉴要在品鉴者充分休息、冷静和放松的状态下进行的原因。品鉴环境也同样重要：需要有充足的自然光照射（或类似的照明条件），并且不应有难闻或奇怪的气味。

关于品鉴的时间，我们不能忘记的是，尽管我们通常在一顿美餐后享受咖啡，但如果想要品鉴，应在两餐之间、品鉴者还不觉得非常饿的时候。

### 普通咖啡杯还是意式浓缩杯（Espresso Cup）？

当然，咖啡杯的尺寸取决于要品尝的咖啡量，但无论如何，咖啡杯的形状和尺寸对全部获取咖啡中的信息十分重要。让我们看看催生出品鉴用意式浓缩咖啡杯的几个因素。

意式浓缩咖啡应装在浓缩咖啡杯中。即使一些饭店想要通过使用大杯子来使他们的服务个性化，但在严格意义上，由于一般杯子的平均容量为 25 毫升，正确做法是将咖啡装在容量为 75—100 毫升的杯子中。如果杯子符合容量限制，设计符合几何形状要求（有限的杯口直径使泡沫可以聚拢，也可以将香气更好地引向鼻子），并且使用了合适的材料，那么这种类型的杯子对为样品分级的品鉴师也适用。事实上，杯子会影响泡沫的视觉效果；由于杯口能聚集或者分散咖啡散发的香气，它还对嗅觉效果有影响；通过与嘴唇的接触，杯子还能改变喝咖啡时的感觉，特别是在对热度的感知上；最后，杯子还能决定入口的咖啡量。出于这些原因，人们已经对理想的咖啡杯进行了多次研究，现在我们终于知道最好的咖啡杯应该是什么样子。刚才，我们已经提及了杯子的容量，至于材料，瓷器当然是最好的，因为它持久耐用（与陶制杯子不同，瓷器不易破损），并且瓷器的隔热性足够好，与唇部接触的感觉也让人愉快。

## 杯测匙

在其他咖啡品鉴技术中，特别是巴西品鉴技术，所需设备中还有所谓的杯测匙（goûte caffè）。有时候，这种勺子不对称，中等大小，宽而浅，手柄相对较长。但国际咖啡品鉴师学院并没有采用这种勺子，因为它不能确保可以对咖啡进行全面的感官评估。与消费者自己的感官相比，借助杯测匙品尝咖啡时可能无法完全表现出咖啡的特点。

## 咖啡温度

对咖啡的感官评估必须在其温度为65℃时进行。就意式浓缩咖啡而言，考虑到它倒入杯中时的温度约为80℃，若要进行正确的品鉴则需要两个条件：感官测试须在咖啡制好后的1分钟内开始；杯子必须要热，但不能滚烫。随着咖啡冷却，泡沫也迅速溶解，香味明显减弱，随之而来的是咖啡嗅觉特征和触觉、口感平衡的显著变化。因此，同一杯咖啡在不同温度下品尝也会使人对其产生不同的评价。

## 感知方式及其工具

环境产生刺激，我们利用自己的感官系统接受这些刺激，而我们身上的每一个感官都可以用于检测一个特定种类的物理或化学刺激。

当外部媒介（远端刺激）与受体接触时，该刺激会通过传导转化为电刺激（近端刺激）。这样，新形式的能量被传送到大脑，大脑利用基本的认知和动态心理活动对其进行解码和组织，这就是感觉。基于以上，人的行为是有组织的，是对接触到的刺激的反应。

## 感觉探索

如果给每个感觉命名，且这些感觉都与咖啡的来源、加工生咖啡豆的方法、烘焙及咖啡的制作过程有关，那么喝咖啡时的乐趣将会大大提高。该从哪里开始呢？从感觉探索开始。当我

咖啡和感官：如何享受一杯美味的咖啡

们品尝咖啡时，我们会产生一种单一的感觉，通常用二元系统来表达，即是或否、好或坏，而一个受过训练的品鉴师则能分解单一感觉并进行分析。

在感觉探索中，每个人都可以尝试成为一名咖啡品鉴师。在过去的数十年间，人们专门开发出许多非常有用的工具，最新的一种工具就是咖啡品鉴图。

想象一下，你的面前有一杯咖啡，你想记录下咖啡的每个细节，利用咖啡感官图，品鉴咖啡就变成了一个有趣的游戏，可以在家玩，也可以在咖啡厅玩。用这张图，你会学着去探索每杯咖啡的灵魂，到达遥远的国度，这样也会在喝咖啡时增添乐趣。

咖啡品鉴图也在咖啡推介会、公司、展销会及其他活动中扮演重要角色，因为在品鉴时，来自特定地域或公司的咖啡可用品鉴图标记，咖啡作为消费品或售卖品，是所在地域的信息和装饰元素。显然，咖啡品鉴图也可以用来在品尝期间向消费者说明产品。

## 感官评估：咖啡品鉴卡

品鉴卡是一种用于引导品鉴者进行感官评估的工具，同时也可以为被测产品的特性建立测量单位。在食品领域有各种各样的品鉴卡，包括描述性的、有参数和无参数的、结构化的和非结构化的等，根据品鉴者的目的和卡片编辑者的知识，人们可以制作出无数的品鉴卡。

现今，我们拥有许多不同的咖啡品鉴卡，设计机构不同，目标和等级也不同。我们将介绍的是国际咖啡品鉴学会近期编制的品鉴卡——加强版试验卡（the Trialcard plus），这种卡片在引导品鉴者发掘咖啡特质的过程中极其实用。

实际上，这种卡片不仅包含了传统的形容愉悦度的描述词（如吸引力、风味平衡、口感平衡、精细度等），还包括了一系列客观参数，这些参数与咖啡特定元素，如原产地、烘焙方式和准备过程相关。使用这种卡片，我们就可以识别每份咖啡，并且根据个人口味赋予它一定的享乐价值。它还可以让品鉴者对咖啡的品质自由地添加新表达，从而使品鉴过程更加个性化。

# 感官评估

对于品鉴者和细心的消费者来说，发掘品鉴感觉和咖啡生产过程之间的联系十分重要，这既是为了享受，也是出于获益，因为人所学的知识越多，记忆能力也越强。因此，我们将从感官入手，从感觉与咖啡原材料特性和生产技术之间的联系入手，探究咖啡的感官评估过程。

## 视觉与视觉评估

视觉是人体的一种感觉，通过光这种电磁能量形式对外部环境产生感知。

感知光信号的感觉是视觉，视觉主要存在于眼睛。

光线穿过眼角膜和晶状体投射在视网膜上，而在视网膜上存在着两种感觉细胞：

- 视锥细胞：对颜色和细节敏感，用于白天识物。
- 视杆细胞：视觉能力差，主要用于弱光环境下识物。

# 意式浓缩咖啡感官图鉴

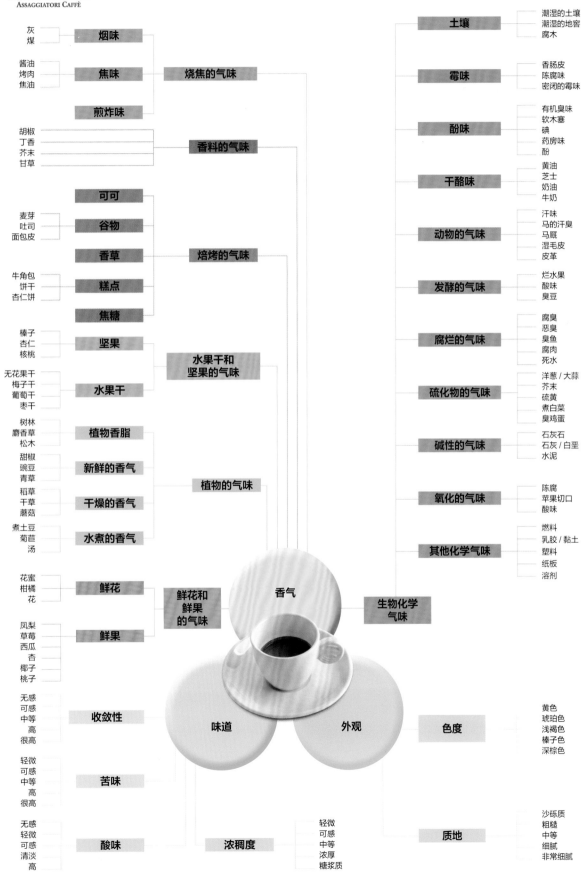

泡沫颜色深浅

咖啡泡沫饱和度级别：浅黄色为最低，棕褐色为最高。

若咖啡使用的是深度烘焙的罗布斯塔豆，那么它的泡沫饱和度会更大。完全成熟的阿拉比卡豆含有丰富的糖分和蛋白质，以及适量的一氯酸，用它制成的咖啡所产生的泡沫饱和度也会更高。同样，烘焙程度也对阿拉比卡豆产生的泡沫有决定性影响。

泡沫的纹理

如果不考虑泡沫的量和持久度，我们可以把它想象成一块布，它的质地取决于自身的厚度，布越厚，质地越佳。泡沫纹理最佳时已经不像泡沫了，因为此时它就像有颜色的搅拌奶油。但这一参数只适用于有泡沫的咖啡，而泡沫在意大利浓缩咖啡中属高质量咖啡所具有的品质。

阿拉比卡咖啡的泡沫纹路极好，特别是当咖啡豆已经成熟，富含脂肪、糖分和蛋白质，并以适当的速度慢慢烘焙直到咖啡豆得到充分烘烤时最佳。

咖啡和感官：如何享受一杯美味的咖啡

个人偏好

这是一种偏娱乐性的特质，它主要决定了仅仅通过观察外表，这杯咖啡能吸引你的程度。

如果咖啡的颜色太深或不够深、口感不好（由于咖啡中用了大量的深度和浅度烘焙的罗布斯塔豆或未熟的咖啡豆、准备过程不够精细等），对于品鉴专家和品鉴师而言，他们对这种咖啡的个人偏好可能会降低。

## 嗅觉与气味评估

嗅觉可感知化学刺激，且作用于嗅觉受体，而受体位于鼻子底部一个约 2 平方厘米的黏膜上。气味分子以 3 种渠道到达嗅觉上皮细胞：鼻前嗅觉、鼻后嗅觉和血液供应。鼻前嗅觉的过程是直接的，始于两个鼻孔和鼻腔，并从鼻腔分流到 3 个鼻后孔。空气在穿过鼻孔的过程中得到过滤、加湿，在鼻后孔中形成气流。鼻后嗅觉始于咽部，与直接吸气的路线交汇，形成气流。血液供应由血管提供，并用血液润湿嗅觉上皮。

当活跃的气味分子接触到嗅觉绒毛时，这种化学能量就会被转化为电信号，通过嗅球到达大脑。

嗅觉是一种极其强大的感觉：

- 嗅觉几乎超越其他一切感官刺激。

- 嗅觉拥有近乎无限的范围：据计算，它可识别超过 400 万种分子。

- 嗅觉像化学实验所用的仪器一样敏感：可识别 1ppt（万亿分之一单位）的分子。

- 嗅觉传递迅速：400 毫秒。

- 在睡眠中，嗅觉依然保持警觉。

- 嗅觉可直接影响大脑的右半球和边缘系统：那是储存记忆和情绪的地方。

- 嗅觉也有潜在的活动，即使我们没有嗅到，一些气味分子也会影响我们的行为和生理机能。

在大众花香中，占主导地位的通常是柑橘花香。

　　然而，对于品鉴者来说，嗅觉的一些特性并不好利用，例如它适应性快、有的气味形容词有与其语义相反的含义、嗅觉受情绪影响以及文化过滤现象（不同文化背景的人对气味的敏感度不同）。

　　咖啡的气味规则相当复杂。精密的化学仪器已经可以识别超过1000 种分子了，而随着人类对这些仪器的完善，它们还将能够发现更多的分子。这些化学元素的活动依赖于自身的浓度、相互之间的关联以及品鉴者的敏感度。也就是说，1 个分子只在某些情况下具有单一的特性，而在大部分情况下它可以产生许多不同的特性。

气味强度

　　气味强度是气味的总量，不考虑其质量如何，因此取决于任何能产生强烈气味的物质的原料和工艺。

花香和鲜果香

　　一般包括花香、柑橘香、蜂蜜香，以及其他普通或特殊水果香。

　　散发花香和鲜果香的咖啡主要是水洗的中度到重度烘焙的阿拉比卡咖啡。这种香味会在重度烘焙下消失，但在轻度烘焙下又不会充分地散发出来。

咖啡和感官：如何享受一杯美味的咖啡

### 植物香气

包括新鲜植物（豌豆、辣椒、新割的草）、干燥植物（稻草、干草、蘑菇）、水煮蔬菜（马铃薯、菊苣）及植物香脂（丛林、麝香草）的气味。

未成熟的罗布斯塔和阿拉比卡咖啡豆中的植物香气更浓，并且，这种香气在一些有着特殊瑕疵的咖啡中可达到最高。然而在一些特别的咖啡原产地中，人们更愿意展现这种特别的、令人愉快的草本味。

### 坚果和水果干味

包括坚果味（核桃、杏仁、榛子）和水果干味（干枣、干无花果、梅子干）。

这种味道主要在水洗式阿拉比卡咖啡中出现，有时也会出现在日晒慢烘焙的阿拉比卡咖啡中。

蔬菜可以选用豌豆、青红椒、龙须菜、叶菜、熟土豆等。

烘焙香的代言物有饼干、羊角面包、吐司面包和焦糖等。

### 烘焙的气味

包括谷物味（麦芽、烤面包、面包皮）、焦糖味、香草味、可可味、甜点味（牛角面包、饼干）。

烘焙的气味与咖啡的烘焙程度有直接联系，有的自然产生的烘焙香可能会有可可和谷物的味道，而过度的深度烘焙会导致咖啡损失某些香味，并产生焦味（烧焦的味道）。

### 香料味

包括一般的香料味，特别是胡椒、丁香、芥末和甘草的味道。

香料味一半与咖啡豆的种类和原产地有关，一半与烘焙时的分子活动有关。随着烘焙程度的加深，烘焙时分子组合形成的香味（从干果味到烘焙味）也会随之改变。

### 焦 味

即油煎味和烧焦味（烤肉、灰尘、煤、烟、烧焦的橡胶）。

咖啡的焦味与咖啡豆的烘焙方式直接相关，即使是轻度烘焙，糟糕的烘焙过程也能导致焦味出现。一些特定类型的咖啡（通常是罗布斯塔咖啡）更有可能出现具焦味特征的气味。

### 其他生化指标

咖啡可能散发出许多不好的气味，包括：土味、霉味、干酪味、动物味、发酵味、腐烂味、硫味、碱味、碳氢化合物味、氧化物味和其他味道。

在制作咖啡的任何阶段都可能造成最终成品的缺陷，但通常的原因都是生咖啡豆选择不当，这种缺陷会在后续的烘焙过程中被不断放大。

香辛味调料包括甘草、胡椒、丁香等。

## 总体香度

优秀的原材料和熟练的生产过程产生的总体香味程度。

## 总体不良气味度

源于受损的原材料和错误的生产过程产生的不良气味程度。

## 香味的持久性

香味的持久性是咽下咖啡后口中香味的持续时间。评价持久性时只考虑香味，而不考虑其他有趣的气味或口感。

含脂量高、使用了成熟的咖啡豆且经过精细烘焙的咖啡，香气更持久。因此，即使是有缺陷的咖啡，也可以拥有持久的香气。

## 精致度

这是一个与愉悦度相关的描述词，因此是主观的。精致度用于形容香气的优雅度和令人享受的程度。

这是使用完全成熟的、健康的咖啡豆，并经过熟练烘焙而得到的咖啡才能达到的高度。

## 丰富度

这是一个与愉悦度相关的描述词，因此是主观的。丰富度指香气的复杂度，用以鉴别在被评估咖啡中可检测到的积极特征的数量。

水洗咖啡，特别是使用了完全成熟、健康的咖啡豆，且经过熟练烘焙后得到的咖啡的丰富度更高。

## 愉悦度

这是一个主观的描述词，用于衡量被测咖啡的整体感官愉快度。这与原材料的品质和生产过程是否正确有关。

## 中央后回系统和感觉评估

中央后回系统是大脑中的一个感觉敏感区域，包括以下感觉：

- 触觉
- 温觉

- 痛觉
- 深层感觉（本体感受）
- 内脏高度感觉

　　触觉包括两个不同的方面：物理感觉（体积、黏稠度、形状等）和化学感觉。后者通常分为：微苦（未熟的柿子）、刺激性（醋）、辛辣（辣椒）、金属（勺子在舌头上的感觉）以及伪辣（凉的如薄荷，热的如酒精）的感觉。

## 醇度

　　醇度是咖啡的黏稠程度，也叫黏稠度：过滤后的咖啡没有醇度，而高度萃取的意式浓缩咖啡醇度最高。使用完全成熟的咖啡豆制作，且经过充分烘焙的咖啡中脂肪、糖分和蛋白质含量高，咖啡黏稠度也更高。而使用未成熟的咖啡豆会导致咖啡醇度降低。

## 涩味

　　我们通常会在喝下咖啡后的 15 秒内感到涩味，包括以下一种或多种现象：唾液润滑度改变、口腔黏膜发皱或感到口干舌燥。

　　这种感觉通常在喝罗布斯塔咖啡和用未成熟的咖啡豆制成的咖啡时出现。

## 口感平衡

　　咖啡口感润滑即可达到口感平衡：咖啡中没有像涩味这样刺激性强的味道，口感醇厚，像丝绸一般，这样的咖啡才是完美的。

　　经过精细烘焙的咖啡更易达到口感平衡，这种咖啡绿原酸含量少，富有脂肪和糖分。

### 味觉和风味评估

味觉器官位于口腔内部，可以识别分散在口腔中的液体分子。

由味觉细胞组成的味蕾分布在味乳头上，其上还有微小的绒毛，对有味道的物质相当敏感。当这些物质中的一种接触到微绒毛时，就会触发一种电信号，通过味觉神经到达大脑，大脑再将其精细化。

咖啡风味参数相对简单，但在描述咖啡方面它们非常重要，因为它们比嗅觉特征更易于阐述。事实上，除了视觉评估，风味评估是最容易做到的。

### 酸 度

这是一种有趣的感觉，就像低压电流流经舌头，然后迅速消失，留下一种新鲜的感觉一样。

使用未成熟的咖啡豆制作的咖啡、水洗咖啡、果肉（葡萄牙语为descascado）咖啡和浅度烘焙的咖啡酸度较高。

### 苦 味

味乳头可以感受到苦味。

通常在罗布斯塔咖啡、用未成熟的或有缺陷的咖啡豆制作的咖啡、深度烘焙的咖啡中苦味更明显。

### 风味平衡

这是一个与愉悦度相关的因素，因此是主观的，即酸和苦之间的平衡。风味平衡取决于咖啡豆的选择，以及日晒咖啡、水洗咖啡和均衡烘焙的正确组合。

# 咖啡与牛奶

## 一对完美组合

人们创造出了多种冲泡和调制咖啡的方法，我们也已经介绍过很多种，还有一些做法是将咖啡与其他材料进行组合。在众多的搭配当中，牛奶无疑是最受欢迎的。在很多国家，牛奶和咖啡的组合几乎是必不可少的，牛奶咖啡占咖啡总消费量的 95%。

### 卡布奇诺咖啡

卡布奇诺咖啡绝对是世界上最成功的牛奶咖啡饮品。制作一杯完美的卡布奇诺一定要从介绍配料和设备开始，除此之外，我们还会介绍一些所需的基本手工技巧 。准备工作看似简单，但是每个小瑕疵都可能影响一杯咖啡的品质。学习冲泡一杯完美的卡布奇诺可不简单，而这绝对是一个令人愉悦的挑战。

## 配 料

### 咖啡，更确切地说是上乘的意式浓缩咖啡

如果说一杯好牛奶真的可以拯救一杯烂咖啡，那么我们也可以说一杯咖啡的瑕疵在卡布奇诺中会被放大。原因很简单: 与浓缩咖啡相比，卡布奇诺含有更多脂肪，脂肪与每一个芳香分子相结合，与唾液相互作用，加上舌头的运动，让味道在口腔中释放，进而激活嗅觉感知。事实上我们对细微味道的感知超越了意识的范围，这就会阻止我们吃味道不好的食物，尽管我们自己也没办法说明白这是为什么。

一杯品质不高的咖啡可能包含一些多余的物质( 例如咖啡单宁酸)，这些物质会导致咖啡成分分离，改变奶泡的结构，从而改变卡布奇诺的观感。

因此，首先要考虑的就是咖啡调制，好咖啡一定香气浓郁、色泽

深沉，拥有完美的视觉效果。这就要求必须避免难闻的气味、过度烘焙的焦煳味和苦涩的味道混入咖啡中。

第二，要考虑浓缩咖啡的准备工作和用量，这一点也同样重要。再次提醒一下标准流程：浓缩咖啡 25 毫升，25 秒内制作完成。一杯高品质的卡布奇诺不能用浓黑咖啡来调制（含水更多的浓缩咖啡）。

总而言之，要想调制完美的卡布奇诺，一杯高品质的意式浓缩咖啡是基础。

## 牛奶

调制卡布奇诺需要用到新鲜高品质的全脂牛奶。牛奶之所以重要，不仅是因为牛奶在卡布奇诺中占了一多半，还因为牛奶中含有某些特定成分。含量约为 3.5% 的脂肪具有球状构造，能够锁住牛奶和咖啡的香气，对咖啡的口感也有很大影响：脂肪突出了咖啡醇厚的口感，丝绒般微妙而顺滑的感觉让人十分愉悦，啜饮之后余韵久久挥之不去。牛奶中的蛋白质（含量约为 3.2%）分子具有长支链结构，使得牛奶能够打发起泡，同时这也是奶泡会有奶油般口感的主要原因。牛奶和咖啡中的芳香分子相互结合产生了一种新的混合香气，带来了更高层次的愉悦感。如果牛奶加热时间过长，不仅某些成分的物理结构会改变，而且化学组分也会改变，例如分子成分增加会产生焦臭味。这些以及其他一些变化可能在牛奶中不易被察觉，但是由于一些成分与咖啡中已有的分子协同作用，使这些变化在卡布奇诺中十分明显。

牛奶必须存放在温度控制在 3—5℃ 的冰箱中，并且在低温下进行打泡。如果打泡机正常运转，100 毫升牛奶打发后温度应当接近理想的上桌温度（55℃左右），同时体积达到125毫升。卡布奇诺中用到的奶泡，密度大概是0.6。如果重复使用已经打发过的热牛奶，不仅会增加操作难度，奶泡的柔滑度也会降低，而且很有可能造成牛奶组分分离，咖啡上桌时温度太高。

### 其他配料

还需要可可粉、巧克力粉等其他配料吗？我们绝不是限制大家的想象力，但是我们坚定地认为，加入除了浓缩咖啡（包括任何其他类型的咖啡）和奶泡以外其他任何配料，卡布奇诺就变成了另外一杯饮品，无论如何，它都不再是一杯经典的卡布奇诺咖啡。

## 设 备

### 定量磨豆机和意式浓缩咖啡机

一台定量磨豆机和一台意式浓缩咖啡机是制作浓缩咖啡所必需的设备。此外，咖啡机还要具有打奶泡的功能。打奶泡主要是通过末端带有3—5个蒸汽孔的蒸汽棒来完成。毫无疑问，打奶泡时必须要确保加热器温度适中，同时保证适宜温度下适量的蒸汽供应。但是除此之外，蒸汽棒的长度也很重要。蒸汽棒太短，则无法探入奶杯中合适的位置，打发奶泡所需要进行的操作就难以完成。同理，蒸汽棒的灵活性也非常重要。

关于蒸汽孔，一些人建议使用带有4个直径为1.5毫米的蒸汽孔的蒸汽棒，这样可以保证压力足够大，温度上升不会太快，以免奶油分解造成泡沫过多。还有一些人认为选择的蒸汽棒应该与咖啡师的操作能力相对应。

### 拉花奶杯

拉花奶杯必须为不锈钢材质，还要符合特定的设计标准。咖啡师手边应当有 3 种不同容量的拉花奶杯。

不锈钢（最理想的是 316 不锈钢，即 +18% 铬 +10% 镍制作的不锈钢）是一种导热性良好的金属，通过手掌触摸就能轻松监测温度。不锈钢还具备一些其他的优点，例如便于清洁、美观及抗腐蚀等。由于瓷质容器比较隔热且易碎，因此不推荐使用。

拉花奶杯通常设计为圆台形，顶部稍窄，有壶嘴，这样的设计构造对制作装饰卡布奇诺十分必要。奶杯的下半部分比较宽大，有利于牛奶旋转起来与蒸汽充分接触，打发出柔滑不易松散的奶泡。

推荐使用容量为 0.5 升、0.75 升和 1 升的拉花奶杯来一次性制作 2—4 杯卡布奇诺，避免牛奶剩余，重复加热。还要遵循一条重要的原则，那就是奶杯中盛放的牛奶不要超过容器容量的一半。

### 卡布奇诺杯

如果说意式浓缩咖啡杯非常重要，以至于国际咖啡品鉴者协会就其材质、形状和尺寸等都做出了严格的限定，那么卡布奇诺杯也应当如此，人们也应当对它的理想形态加以规定。

制作卡布奇诺杯最理想的材质当是白色长石瓷，这种简洁的材质既不会影响卡布奇诺的视觉效果，还能凸显一杯精心调制的卡布奇诺的上乘品质。

卡布奇诺杯的理想容量为 165 毫升，上下浮动不超过 10%，即 150—180 毫升。其中浓缩咖啡占 25 毫升，奶泡占 100 毫升（可以增加到 125 毫升）。卡布奇诺上桌时一定要满杯，奶泡层要清晰可见。

不仅杯子的材质和容量重要，咖啡的整体设计也同样重要。在一杯经典的卡布奇诺中，牛奶和咖啡交融在一起，奶泡通常在其表面形成一个完美的环形装饰。因此，咖啡杯底部一定要是圆形的，杯底的厚度可以略有不同。杯子的直径必须合适，并且杯子的边缘要足够薄，以免消费者认为杯子粗制滥造。

## 卡布奇诺调制方法

### 打奶泡

准备一个容量足够大的拉花奶杯，从冰箱中取出温度为 3—5℃ 的牛奶，将牛奶倒至奶杯高度的一半。

打开蒸汽先清除掉蒸汽棒里的凝结物，然后开始打奶泡。根据蒸汽棒蒸汽量的大小、蒸汽棒探入牛奶的深度、蒸汽棒探入奶杯的角度（就竖直方向而言）以及蒸汽棒移动方式等因素的不同，可以采用不同的打发技巧。有的咖啡师建议将蒸汽棒探入牛奶中一半的深度，蒸汽给到最大，然后快速将蒸汽孔移动到牛奶表面，再向下探入一次，即可完成打发过程。还有的咖啡师建议从一开始就找一个合适的角度把蒸汽孔放在牛奶表面而不是中间，这样能够让牛奶保持旋转，即将完成打发时再将喷气孔深入奶杯底部即可。

实际上不管采取哪一种打泡方法，只要是能打出细腻绵密没有气泡的奶沫，都是有效的。打奶泡的时候，通过听牛奶发出的声音来判断牛奶打发的程度很有帮助，根据"呲呲"声和"汩汩"声可以知道打奶泡时该如何进行下一步操作，以及牛奶打发到什么程度了。

### 向咖啡中倒入牛奶

如果打发牛奶时操作正确，奶泡不会轻易散开，因此不必着急使用。实际上，打完奶泡之后稍微静置一会儿，奶泡会变得更加细腻，在奶泡表面形成的气泡会破裂，因此不必刻意在柜台上轻敲奶杯，专业的咖啡师一般不会这样做。

因此，我们有充足的时间一边打奶泡，一边冲咖啡。制作经典卡

咖啡与牛奶

布奇诺时，奶杯杯嘴应当尽可能靠近咖啡杯，沿杯沿缓缓倒入奶泡，这样可以在杯子边缘形成一圈明显的棕色圆圈。在装饰卡布奇诺时，奶泡要从中间倒入，首先将杯嘴靠近咖啡，然后手腕灵活地控制奶杯来回移动，制作出设计好的图案。

在倒入奶泡之前询问顾客要不要加可可，如果顾客想要加的话，则先把可可粉撒在咖啡上再倒入奶泡。加糖也是如此，咖啡师先把糖加在咖啡中，再倒奶泡，既能让顾客喝到加糖的卡布奇诺，也不会因为搅拌咖啡破坏卡布奇诺的整体外观。

## 上咖啡

一位经验丰富的咖啡师在上咖啡的时候一滴也不会洒出来。碟子里被洒上咖啡对顾客来说是最糟糕的事，这样喝咖啡时很容易弄脏手或衣服。上咖啡的时间很重要，纯化论者建议咖啡应当在调制完成后的 30 秒内上桌。因为任何耽搁都会破坏成果，包括会影响品尝时的温度，温度对第一口品尝时的口感十分重要，同时也会影响接下来的热度感知。顾客无法愉快地享受一杯冷掉的卡布奇诺，一杯热气腾腾的卡布奇诺也一样，饮品太烫会使得顾客不得不小口地喝，从而降低了体验的整体愉悦度。

咖啡与牛奶

玛奇朵咖啡

4 人份

## 配　料
浓缩热咖啡 4 杯、
全脂鲜牛奶 40 毫升。

## 调　制
调制工作主要就是加入 10 毫升牛奶，牛奶冷热皆可，还可以是像卡布奇诺那样的奶沫。

玛奇朵最初的调制配方中没有除浓缩咖啡和牛奶以外的其他配料，但是为了让饮品口感更佳，还可以加入可可粉和肉桂粉等。

咖啡与牛奶

# 阿芙佳朵咖啡（"淹没"咖啡）
## 4 人份

### 配 料

速溶咖啡 4 茶匙、

糖 2 茶匙，

依据个人口味添加适量奶油、开心果和肉桂冰淇淋。

### 调 制

把 4 小杯热水、速溶咖啡和糖倒入鸡尾酒调酒器或玻璃罐里。

盖上盖子，用力摇晃，直至上面出现一层约 1 厘米高的泡沫。品尝一下味道，如果甜度不够，再加入一茶匙糖，但是要注意，冰淇淋的加入也会增加甜味。

在每个咖啡杯里加 2 勺冰淇淋，然后将热咖啡浇在冰淇淋上。立即上桌。

阿芙佳朵咖啡（字面意思是"淹没在咖啡中"）是一款美味可口又清爽的甜品，适合作为夏季甚至是冬季午餐后的甜点。你可以用任何一种口味的冰淇淋来制作阿芙佳朵。巧克力碎片冰淇淋也是个不错的选择，巧克力碎片既巧妙地补充了咖啡的味道，又不会改变它的味道。

# 甘草白咖啡

## 4 人份

## 配料

浓缩咖啡 100—120 毫升、白巧克力 40 克、

甘草精 4 茶匙、糖浆 20 毫升、碎冰 20 块。

## 调制

制作浓缩咖啡，加热 4 个玻璃杯或高杯，让杯子保持温热，例如可以放在蒸锅中加热，但要远离明火。杯子内部一定要保持干燥。

把白巧克力切成小块，放入加热后的玻璃器皿中使之融化，把甘草精也放入玻璃器皿中加热融化。

把融化后的巧克力倒入加热过的咖啡杯或玻璃杯中，然后在上面加入甘草液，形成两种颜色层。

把冰块、糖浆和一半咖啡一起倒入打泡罐中。用牛奶起泡器或打蛋器进行搅拌，直到液体形成细小的泡沫。

把剩下的咖啡倒在巧克力和甘草上面，最后把泡沫精心地铺在最上面，然后上桌。

这款独特的饮品结合了咖啡的醇厚、白巧克力的甘醇以及甘草的芬芳等不同风味，给你带来别样的惊喜。

拿铁咖啡

4 人份

### 配料

浓缩咖啡 120 毫升、全脂鲜牛奶 800 毫升，
依据个人口味可加糖。

### 调制

找一个大小合适的罐子加热牛奶。

用摩卡壶或定量咖啡包冲泡浓缩咖啡。把牛奶分别倒入 4 个咖啡杯中，然后倒入咖啡。加糖之后就可以上桌了。

拿铁咖啡是典型的早餐饮品，是成人和孩子都很喜爱的开启一天的方式。与卡布奇诺不同，拿铁中不加奶泡，而且通常用大杯来装。用拿铁来泡饼干、麦片和其他高纤维食物等都非常合适

奶昔咖啡

4 人份

### 配料

咖啡味、香草味或任一口味的冰淇淋［最好是意大利纯手工冰淇淋（gelato）］300 克、冰咖啡 50 毫升、碎冰块 12 块、糖 2 茶匙、鲜牛奶 500 毫升。

### 调制

冰块打碎放入搅拌机中，加入冰咖啡、鲜牛奶、冰淇淋和糖。

搅拌 3 分钟至起泡。

倒入玻璃杯中即可上桌。

咖啡奶昔是一款经典的夏日饮品，清爽味美令人难以抗拒。其制作过程简单，可以用剩咖啡来制作，也可以用 100 毫升鲜奶油来替代冰淇淋。

## 德式拿铁玛奇朵
### 4 人份

### 配 料

浓缩咖啡 4 杯、鲜牛奶 4 杯。

### 调 制

将牛奶加热，但不要煮沸。

取一半牛奶打发，直至奶泡细腻绵密。

趁奶泡还在旋转时，倒一部分在玻璃杯中。放在一边等待其冷却。

加入热牛奶。

冲泡浓缩咖啡，并倒入牛奶中混合搅拌。将剩下的奶泡倒在咖啡上。


## 拿铁玛奇朵（咖啡牛奶）
### 4 人份

### 配 料

浓缩咖啡 4 杯、鲜牛奶 4 杯，依据个人口味加入糖、香草和杏仁等。

### 调 制

将牛奶加热，但不要煮沸。

打发部分牛奶至奶油状。根据口味加入糖和其他配料，放在一边。

将其余牛奶倒入一个高大的杯子中，快速搅拌让牛奶旋转起来，然后放在一边放凉。制作浓缩咖啡，将咖啡缓缓倒入牛奶中，充分搅拌。加入刚才打好的奶泡。

如果想要来点创意，可以滴几滴咖啡在奶泡上，在厨房里随便找一个尖锐一些的工具，画一个你想要的图案。

*拿铁玛奇朵完全改变了传统玛奇咖啡中牛奶和咖啡的比例。拿铁玛奇朵能够满足你对咖啡的需求，让你产生一种品尝到另外一种浓缩咖啡的感觉。*

# 马罗奇诺咖啡

## 4 人份

## 配料

浓缩咖啡 100 毫升、热巧克力 60 毫升、

全脂鲜牛奶 100 毫升，依据个人口味加入可可粉和糖。

## 调制

将热巧克力放凉，倒入杯中。

将牛奶加热，但不要煮沸。

制作浓缩咖啡，然后倒入热巧克力中，在上面撒少许可可粉。

将牛奶倒进罐子里，用打泡器或搅拌器打成奶泡，加入咖啡中，再撒上少许可可粉即可上桌。

也可以用浓缩咖啡机自带的蒸汽棒打发奶泡。如果想要味道甜一些，可以加入少许糖并搅拌一下。

一杯马罗奇诺咖啡也是一场视觉体验。这款饮品一般用透明杯子盛放，这样便可以清楚地看到杯中的每一层，并分别品味上层奶泡、中间的咖啡加可可粉和底层巧克力的美味了。饮品色彩多样，美味可口。

## 土耳其咖啡
### 4 人份

### 配 料

水 200 毫升、

咖啡粉 5 茶匙，

依据个人口味加糖、

豆蔻、肉豆蔻或肉桂。

### 调 制

调制一杯品质上乘的土耳其咖啡最好从研磨阿拉比卡咖啡豆开始，可以用研磨机或研钵进行研磨，把咖啡豆磨成像可可粉一样细。

这样能够带来现磨咖啡的香气，让你充分享受准备的过程。

向黄铜咖啡壶中加水（每杯大约 50 毫升）。再加入糖和香料，充分摇匀。

按一人一茶匙多的量加入咖啡粉。

将黄铜咖啡壶放在热源上，小火煮沸咖啡，小心泡沫溢出。将咖啡壶拿下来，分别在每个杯子中倒入半杯咖啡和一些咖啡沫。

重新将咖啡壶放回炉子上，待咖啡再次煮沸，再分别将各个杯子倒满，倒咖啡时要沿着杯子的边缘，以便保留咖啡沫。

上桌前，加入一汤匙冰水，使漂浮的咖啡粉沉到杯底。

土耳其咖啡是土耳其文化的精髓，是土耳其人热情好客的体现，一直是东西方之间的桥梁。土耳其咖啡不仅是一种日常饮品，而且在重要家庭聚会场合，人们也会饮用。例如，一名青年男子和他的父亲登门向女方求婚时，大家在商议要事之前都会喝杯土耳其咖啡。土耳其咖啡在中东一些国家和希腊等地非常流行。调制这种咖啡需要用到一种由纯铜和黄铜制成的长柄壶，即黄铜咖啡壶。

# 比切琳咖啡
## 6 人份

### 配 料
浓缩咖啡 200 毫升、
糖 2 茶匙、
黑巧克力 200 克、
鲜奶油 50 毫升、
牛奶 50 毫升。

### 调 制

用高品质的配料调制浓缩咖啡。咖啡里加入一些糖，保持咖啡温热。另取一些糖，将糖低温加热，融化成糖浆。

将鲜奶油和糖浆放到碗里，手动搅拌至半成型、绵软的丝绒状。

把黑巧克力切成小块，放在蒸锅或微波炉里加热至融化。向巧克力溶液中缓缓加入牛奶和之前制备好的鲜奶油（留出一些备用），搅拌均匀。

向剩余的鲜奶油中加入一些巧克力液，搅拌均匀，放在一边待用。

在每个杯子中各倒入半杯牛奶、鲜奶油和巧克力的混合液，再将之前准备好的温热咖啡倒在混合巧克力液上，充分搅拌，让两种味道融合在一起。把之前搅拌好的鲜奶油和巧克力液倒在上面。

趁热上桌享用。

比切琳，在皮埃蒙特方言中是"小玻璃杯"的意思，它是意大利都灵著名的一款不含酒精的饮品，起源于 18 世纪时一款以咖啡、巧克力、奶泡或鲜奶油为原料制成的叫作"巴瓦莱莎"的饮品。比切琳咖啡结合了咖啡、巧克力和牛奶的味道，香气四溢，十分美味。

## 俄式咖啡

### 4 人份

#### 配 料

热咖啡 4 杯、咖啡酒 8 汤匙、
伏特加 200 毫升，依据个人口味加糖。

#### 调 制

制作咖啡，然后把咖啡倒入玻璃杯中。向每个杯子中加入糖（依据个人口味添加）和 2 汤匙咖啡酒。

加入适量伏特加，摇匀即可上桌。

由于这款饮品中含有酒精成分，所以最好在冬天饮用。还可以加入一些炼乳，使饮品口感更加浓厚，但是在上桌前一定要充分摇匀。

## 苏丹咖啡

### 4 人份

#### 配 料

煮沸的咖啡 8 分升、黑巧克力 130 克，
依据个人口味加糖或蜂蜜、鲜奶油 12 汤匙、
肉桂粉或橘皮。

#### 调 制

把巧克力弄碎，放在蒸锅中加热融化。

依据个人口味加糖并搅拌，然后将巧克力液倒入 4 个透明的玻璃杯中。取咖啡进行搅拌直至起泡，放在一边备用。

向每杯巧克力液中倒入一些鲜奶油，然后缓缓倒入咖啡和其泡沫。

将剩余奶油搅拌至黏稠状，倒入每一杯咖啡中。最后在上面撒一些肉桂。

咖啡与牛奶

## 古巴咖啡
### 2 人份

### 配 料

红糖 1 茶匙、咖啡粉 2.5 茶匙、
古巴黑朗姆酒 20 毫升、柠檬皮 1 片。

### 调 制

准备一把摩卡壶，向摩卡壶下部容器中加入水。将红糖和咖啡粉混合在一起，倒进过滤器中，不要挤压咖啡粉。将摩卡壶放在热源上小火加热，当有咖啡液溢出时，立即停止加热。

把咖啡倒入杯中，加入朗姆酒。取一片柠檬皮放在杯子边做装饰，然后就享受这美妙的香味吧。

古巴咖啡味道独特浓烈，还兼有糖和朗姆酒的甘甜。制作这款咖啡最好是选用产自古巴的咖啡豆，当然任何一种阿拉比卡咖啡豆也都可以。

## 墨西哥咖啡
### 4 人份

### 配 料

特浓奶油 50 毫升、肉桂 4 克、
肉豆蔻 1 克、糖 15 克、
煮沸的咖啡 2.5 杯、巧克力糖浆 8 茶匙。

### 调 制

将特浓奶油倒入一个碗中与 1/3 肉桂混合。加入肉豆蔻和糖，将所有配料摇匀至浓稠状。

向每个杯子中加入 2 茶匙巧克力糖浆。然后加入咖啡并搅拌均匀。

将剩余的肉桂加入之前制备好的奶油混合物中，然后一起倒入杯子中。

## 巴黎咖啡

### 2 人份

#### 配 料

浓咖啡 2 小杯、热巧克力 1 小杯、
干邑白兰地 2 茶匙、鲜奶油 30 毫升，
依据个人口味加适量的糖。

#### 调 制

将 1 小杯咖啡和等量热巧克力倒入两个小玻璃杯中，
搅拌均匀。依据个人口味加入白兰地和糖。取剩余咖啡和
少许鲜奶油进行搅拌，然后倒入杯中，上桌前再加入几茶
匙鲜奶油。

## 冰摇咖啡

### 2 人份

#### 配 料

浓咖啡 4 杯、碎冰块 2 汤匙、
糖浆 2 茶匙。

#### 调 制

将咖啡、糖浆和碎冰块加入搅拌机。
充分搅拌至少 1 分钟，然后倒进冰镇的杯子里即可
上桌。

*冰摇咖啡是一款美味的夏日饮品，陪伴人们度过炎热的时光。*

咖啡与牛奶

# 瓦莱达奥斯塔咖啡
## 6 人份

## 配 料

浓咖啡 6 杯、格拉巴酒 6 口杯、
红酒 6 口杯、草药格拉巴酒 2 口杯、
柠檬皮 1 块、糖 1 茶匙。

## 调 制

把糖加入多嘴壶中，然后加入热咖啡、格拉巴酒、红酒、草药酒和柠檬皮。

用蒸锅或咖啡机自带的蒸汽棒加热多嘴壶中的混合液。当壶变热的时候，往壶嘴里撒一些糖，经过加热，糖会焦化，产生一种特殊的味道。

6 人之间互相传递多嘴壶，通过壶上的壶嘴品尝咖啡。咖啡的量应当满足所有人都能品尝几次。

多嘴壶是设计用来和朋友一起喝咖啡的，因为在瓦莱达奥斯塔有这样一种说法：一个人独享咖啡会中风。

瓦莱达奥斯塔咖啡（字面意思是"瓦莱达奥斯塔地区的咖啡"）要用多嘴壶来调制，多嘴壶是用木头雕刻而成的，主要用于调制和品尝咖啡。和一群朋友一起喝咖啡，凸显了友谊和群体生活的乐趣。

### 维也纳咖啡

4 人份

#### 配 料

黑巧克力 100 克、鲜奶油 4 汤匙、
煮沸的热咖啡 2.5 杯、特浓奶油 150 毫升、
糖 1 茶匙。

#### 调 制

将黑巧克力放到一个小罐子中使其融化，然后
将其分别倒入 4 个杯子中。再将咖啡和鲜奶油倒入
杯中，充分搅拌至起沫，保持温热的温度。

搅打特浓奶油和糖，然后向每个杯中加入几茶
匙搅打好的奶油作为装饰。

### 马提尼咖啡

4 人份

#### 配 料

特浓浓缩咖啡 4 杯、糖 4 汤匙、伏特加 120 毫升、
碎冰块少许、碎巧克力少许。

#### 调 制

将咖啡、糖、伏特加和冰块倒入搅拌机，充分
搅拌。

过滤之后分别倒入 4 个杯子中，点缀一些巧克
力碎末。

咖啡与牛奶

# 特浓格兰尼它咖啡

2 人份

## 配 料

浓咖啡 4 杯、糖 2 杯、墨西哥咖啡酒 2 杯、
黑朗姆酒 2 杯、碎冰块 2 杯、蜂蜜 8 汤匙。

## 调 制

将糖、蜂蜜和咖啡酒放入一个金属容器中搅拌。加入冰咖啡，再放进冰箱冷冻 1 小时。

用叉子挖出冻好的咖啡，制作格兰尼它冰糕。

加入碎冰块，再放入冷冻室冷冻 3 小时，每小时刮削一次。

把格兰尼它冰沙放在准备好的杯子里，然后上桌。

咖啡与牛奶

## 糖水烈酒咖啡
### 4 人份

### 配 料

方糖 12 块、有机柠檬皮 4 块、白兰地 4 汤匙、浓缩咖啡 4 杯。

### 调 制

用热水冲洗 4 个玻璃杯。每个杯子中放一块方糖，加入柠檬皮。

加入咖啡。取一汤匙白兰地，用打火机点燃后加入咖啡中，趁热上桌。

这款咖啡的英文名为 Coffee Grog, "Grog" 这个名字来源于 "gros grain"（粗横棱绒）一词，这是英国海军上将爱德华·弗农（Edward Vernon）穿过的一种粗糙的羊毛和丝绸面料。历史上，爱德华·弗农因禁止船员喝烈酒而被载入史册。为了防止船员醉酒，他只允许船员们喝兑了水的朗姆酒。

## 爱尔兰咖啡
### 4 人份

### 配 料

爱尔兰威士忌 120 毫升、红糖 15 克、浓咖啡 300 毫升、
特浓奶油 45 毫升。

### 调 制

取 4 个杯子进行加热。对杯子内壁进行干燥，倒入红糖，再加入威士忌和浓咖啡。

充分搅拌至红糖全部融化，然后加入一勺奶油，搅拌均匀。

咖啡与牛奶

咖啡冰沙
*4 人份*

## 配 料
糖 400 克、浓咖啡 250 克、水 250 毫升、
蛋清 1 个、咖啡粉少许。

## 调 制
取 350 克糖加入水中，然后加热大约 1 分钟。

加入咖啡，用搅拌器搅拌。

放入冰箱冷却几个小时，然后倒入一个金属容器中，用一个小过滤器进行过滤。

把蛋清和剩下的糖打匀，直至蛋清变稠，倒入混合液中。

放入冰箱约 6 小时，用打蛋器或搅拌器搅拌 2—3 次，使其保持均匀。

从冰箱中取出基本做好的咖啡冰沙，常温放置 10 分钟左右。

将饮品装在细长的玻璃杯中，洒上少许咖啡粉，即可上桌。

# 咖啡佳肴

乔瓦尼·罗吉尔里大厨倾情打造的

20道食谱

## 甜菜根咖啡扇贝配辣椒和黑可可酱
### 4 人份

**配 料**

扇贝 12 只、无水黄油 30 克、

真空装熟甜菜根 100 克、

特级初榨橄榄油 20 克、

咖啡粉 4 克、可可粉 8 克、番茄丁 100 克、

小葱 1 根、番茄酱 5 克、白醋 10 克、

细白砂糖 30 克、酱油 5 克、

红辣椒 3 根、香油 20 克、

盐适量。

**制作步骤**

在辣椒和小葱上淋上香油,加入番茄酱、番茄丁和少许盐、酱油、白醋、砂糖,文火煮约 1 小时,直至酱汁浓厚。然后搅拌酱汁使其变得细腻,冷却后用漏勺过滤。

将甜菜根去皮,加入 50 克水,再加入橄榄油和一撮盐,搅拌。将搅拌好的甜菜糊放入蒸锅中保温。

用勺子从扇贝壳中分离出扇贝肉,用流水清洗,小心去除扇贝黄和胃中的脏物。用吸水纸把扇贝肉上的水吸干,放入盘内,并在上面撒上一些盐。

在平底锅中放入黄油,开大火,一次煎 3 块扇贝肉至双面焦黄,烹饪温度保持恒定。迅速把扇贝黄也煎至褐色(约 2 分钟)。

在盘中随意倒上甜菜糊和之前做好的辣椒酱,然后摆放上扇贝,并在顶部洒上咖啡粉和可可粉。这样大家就可以趁热品尝了。

咖啡佳肴

## 炖洋蓟和洋姜配帕玛森干酪和咖啡
### 4 人份

### 配 料

洋蓟 4 颗、

中等大小的洋姜 4 个、

柠檬 1 个、

白葡萄酒 10 毫升、

白醋 10 克、

碎帕玛森干酪 300 克、

鲜奶油 100 克、

牛奶 300 克、

浓缩咖啡 30 克、

琼脂 9 克、

黄油 70 克、

非精制红糖 9 克、

盐和胡椒适量、

特级初榨橄榄油适量、

少许咖啡粉用于装饰。

### 制作步骤

蒸锅开至文火。倒入鲜奶油、黄油和帕玛森干酪，待奶酪融化即可。然后使用浸入式搅拌器搅拌，使奶油细腻顺滑，保温待用。

将牛奶等量倒入 3 个咖啡壶中，分别加入 5 克、10 克、15 克咖啡，然后加入红糖，搅拌并煮沸。冷却后，在每个壶中加入 3 克琼脂，搅拌并煮沸。冷却 3 个小时，待汁液变为固态且坚硬。

使用浸入式搅拌器搅拌，将其制成流体糊状。

剥掉洋蓟的坚硬外叶，修剪多刺的尖端并剥掉洋蓟茎。将洋蓟切成两半，用小刀取出花心，放入一碗柠檬水中。将洋姜剥皮，也放入柠檬水中。

向炖锅中加满水，烹制洋姜，加入盐和白醋，用文火将其煮至稀软，但不要煮老。沥干洋姜，切掉两端，并用环形模将其塑成小圆柱状，再将它们切成约 2 厘米的小圆盘状。

将橄榄油倒入不粘锅中，大火炒 3 分钟洋蓟。加入盐、胡椒和白葡萄酒，然后盖上盖子，待所有液体都蒸发掉。

将之前做好的 3 种咖啡糊倒入盘中，再放入炒好的洋蓟、洋姜，倒上之前准备好的热奶油混合物，在食用前用咖啡粉装饰。

咖啡熏制小牛菲力
配可可豆、意大利香脂醋、酸甜酱和薯片
4 人份

## 配 料

小牛菲力 400 克、

咖啡豆 100 克、

熏烤用榉木片 100 克、

可可豆 1 颗、

橙色红薯 2 个、

煎炸用玉米油 400 毫升、

意大利香脂醋 150 克、

非精制红糖 50 克、

黑胡椒 10 粒、

盐适量、

特级初榨橄榄油适量。

## 制作步骤

将烤箱预热至 90℃。将点燃的木片放入直径约 15 厘米的带有蒸烤架的不粘锅中，让木片完全燃烧，然后将咖啡豆洒在炭灰上面。将菲力牛排放在烤架上，盖好盖子。牛排烤完后再放入烤箱中烤 30 分钟。之后在牛排上刷上橄榄油，在不粘锅中煎至两面棕色。同时把可可豆磨碎，并加入少许盐和黑胡椒。

将香脂醋、红糖和黑胡椒倒入锅中，用文火煮，直至其变稠成酱。用漏勺取出黑胡椒备用。

用深煎锅加热玉米油。清洗并沥干红薯，用曼陀林切片机将之切成约 1 毫米厚的薄片。在热油中煎红薯片，注意不要让它们叠置。煎炸时注意不时晃动锅，使红薯片均匀煎炸。煎炸好一部分后将其捞出，并放到吸油纸上。然后再将其他生红薯片倒入锅中，重复操作，煎炸好所有红薯片。

将菲力牛排切成 4 小块，放在盘子上。倒入之前做好的糖醋酱，在一边放几片红薯片，即可食用。

咖啡佳肴

# 黄油蜗牛配咖啡和杜松子酱

## 4 人份

## 配 料

蜗牛 24 只、

黄油 160 克、

面包屑 40 克、

龙蒿 10 克、

白葡萄酒 50 毫升、

白醋 30 克、

大蒜 1 瓣、

小苏打 30 克（用于清洗蜗壳）、

盐和黑胡椒适量、

西洋菜用于摆盘。

酱汁原料：

芹菜茎 1 根、胡萝卜 1 根、

洋葱 1 个、番茄酱 1 茶匙、

牛膝 1 个、2 粒胡椒、

小月桂叶 1 片、白葡萄酒 100 毫升、

马铃薯淀粉 5 克、碎咖啡豆 30 克、

杜松子碎 2 颗、特级初榨橄榄油适量。

## 制作步骤

将烤箱预热至 200℃，将小牛膝刷上油并放入烤箱烤约 30 分钟，直至其变为棕色。

将蔬菜洗净，切成小块，将它们在平底锅中用少许橄榄油煎熟。把煎好的蔬菜放在一个大锅里，加上烤好的小牛膝、番茄酱、月桂叶和胡椒。倒入白葡萄酒，文火炖至收汁。加入冷水和少许冰块至与锅沿平齐，文火煮沸，煮至肉汤减半后，用细网眼滤器过滤肉汤，再将碎咖啡豆和杜松子碎加入肉汤中。继续开文火，直到酱汁颜色变深，味道鲜美，用细眼滤网再次过滤肉汤，放在一旁冷却待用。

向炖锅中加入 3/4 的水，倒入 15 克白醋、25 毫升白葡萄酒和少量盐，开中火。水煮沸时，将蜗牛带壳放入锅中煮 60 分钟。煮好后取出并沥干蜗牛，将蜗牛肉剥离出壳。去除蜗牛肠道的黑色部分，并在流动的冷水中清洗蜗牛肉。将蜗牛放回高温的锅中，像刚才那样用同样的原料再煮沸 60 分钟。将蜗牛壳在水和小苏打中煮 10 分钟。软化黄油，加入切碎的龙蒿、大蒜（无芽）、面包屑、盐和刚研磨的黑胡椒。将蜗牛放入壳中，并用一层黄油将其封住。然后将蜗牛放入冰箱冷藏几分钟，直到黄油变硬。将之前备好的酱汁加热并煮沸，同时将马铃薯淀粉慢慢倒入，再用搅拌器搅拌以防结块。将烤箱预热至 190℃，放入制备好的蜗牛并烘烤 10 分钟，然后将它们放在盛有酱汁的盘子上，旁边配上西洋菜即可上桌。

咖啡佳肴

味增腌鲔鱼配宝仙尼菌汤
4 人份

## 配 料
鲔鱼片 4 片、木松鱼干片 30 克、
味增酱 100 克、有机柠檬 1 个、
有机橙 1 个、咖啡豆 30 克、
特级初榨橄榄油 200 毫升、
酱油 60 克、宝仙尼菌干 20 克、
白葡萄酒 20 克、月桂叶 1 片、
西芹 1 根、盐适量。

## 制作步骤

将柠檬皮和橙皮磨碎，加入部分味噌酱中，再将混合酱涂到鲔鱼片的每一面。将一半的柠檬和橙子榨汁，将汁液一起倒入一个容器，再将鲔鱼片带皮的一面朝下放入容器中，在冰箱中腌 12 个小时。

用流水冲洗鲔鱼片以去除味噌酱，用吸水纸将其擦干，并在肉上撒盐。用平底锅加热橄榄油，将鲔鱼片带皮的一面朝上置于锅中，然后将锅放入预热至 80℃ 的烤箱中烤 20 分钟。

将宝仙尼菌干浸泡在温水中 20 分钟，然后沥干，去掉泥质残留物。在平底锅中放入 500 毫升水、白葡萄酒、酱油、月桂叶、碎咖啡豆和 20 克味增酱，再放入宝仙尼菌干，煮 5 分钟，然后筛出。

将热汤倒入碗中，加入烤好的鲔鱼片，带皮一面朝上，再滴几滴橄榄油，配西芹叶和木松鱼干片装饰。

咖喱奶酪章鱼咖啡千层面
4 人份

## 配 料
里科塔奶酪 400 克、佩科里诺干酪碎 150 克、

帕玛森干酪碎 100 克、章鱼 1 千克、

咖喱 10 克、柠檬 1 个、大蒜 1 瓣、

鲜奶油 500 毫升、黄油 50 克、

高筋面粉 400 克、大鸡蛋 3 个、

精磨咖啡粉 20 克、

盐和胡椒适量、

特级初榨橄榄油适量。

## 制作步骤

将高筋面粉、咖啡和鸡蛋放入行星式搅拌机中搅拌均匀，用保鲜膜包裹，放入冰箱 30 分钟。

将章鱼浸泡在水中 15 分钟彻底清洗，然后去掉其眼睛、嘴和内脏。将章鱼放在平底锅里，加入水、咖喱、切成两半的柠檬，然后放入未剥皮的蒜瓣。待煮沸后，再用文火煮 40 分钟。之后将章鱼沥干水，放在冰水中冷却。将冷却的章鱼触手尖切掉，并放在一边（做装饰用），将其余触手部分切成薄片，在平底不粘锅中用少许橄榄油将它们全部煎至棕色。再将章鱼薄片切成章鱼圈。

从冰箱中取出面团，并将其切片，同时用擀面杖擀成 1 毫米厚，用黄油涂抹模具，并用少许鲜奶油刷边。将面片擀至适应模具的大小，并放入模具中，两片面片之间刷上一层混合了盐和胡椒的里科塔奶酪，并放入佩科里诺干酪碎、章鱼圈、帕玛森干酪、黄油和几茶匙鲜奶油。将章鱼触手串放在最后一层，最后放上黄油、奶油和奶酪。

将如上准备好的奶酪"千层面"在预热至 190℃ 的烤箱中烘烤 18 分钟。

趁热享用千层面，用章鱼触手尖作点缀。

# 慕斯管面配咖啡豌豆糊豆芽蛤

## 4 人份

## 配 料

帕克里管面 320 克、蛤 2 千克、

鱿鱼 2 只（每只 100 克）、

带壳豌豆 100 克、豌豆芽一小撮、

咖啡豆 10 颗、土豆 100 克、

蛋清 2 个、白葡萄酒 150 克、

西芹叶少许、盐、

特级初榨橄榄油适量。

## 制作步骤

土豆去皮，用文火在盐水中煮 40 分钟。

用大量冷水洗净蛤。揉搓晃动蛤以完全去除沙子，将洗净的蛤放在少许盐水中静置 15 分钟。将橄榄油倒入平底锅，将西芹、咖啡豆和沥干的蛤煎熟。倒入白葡萄酒，以文火炖，盖上锅盖，煮沸后再煮 3 分钟。在室温下放置几分钟以冷却。然后从壳中取出蛤肉，过滤锅中汁液，并浇在蛤上。

加入煮熟的土豆，搅拌，以使混合酱汁细腻柔软。加入蛋清并再次搅拌。用过滤器过滤，把过滤后的混合物放入慕斯虹吸管中，然后进行搅拌。

将豌豆在盐水中煮 2 分钟。将豌豆沥干，并加少许开水、盐和橄榄油搅拌至豌豆糊如奶油般细滑，用过滤器过滤。

在大量咸水中煮帕克里管面，注意不要弄碎它们。烹煮时间比包装袋上推荐的时间少 1—2 分钟，沥干后将它们放入碗中，淋上橄榄油。

将豌豆糊倒入盘中，用蛤慕斯装满每根管面，然后将填满的管面放在豌豆糊上，形成一个个小塔。再放上豌豆芽作为装饰。

# 猪肩肉意大利饺子（香菜、柠檬、咖啡粉、芥末酱风味）
## 4 人份

## 配 料

面粉 500 克、蛋黄 19 份、猪肩肉 400 克、

小葱 1 根、胡萝卜 1 根、西芹茎 1 根、

月桂叶 1 片、白葡萄酒 200 毫升、

香菜 1 把、萝卜 3 个、鸡蛋 3 个、

番茄酱 1 茶匙、柠檬 3 个、

黄油 100 克、芥菜苗 1 小把、

精磨咖啡粉 10 克、胡椒粉少许、

盐和特级初榨橄榄油适量。

## 制作步骤

清洗并切碎蔬菜（小葱、胡萝卜、西芹茎），将烤箱预热至 180℃。把猪肩肉切成小块，用少许橄榄油煎至褐色，加入切好的蔬菜炒几分钟，然后关火。再向其中加入月桂叶、番茄酱和白葡萄酒，然后放入烤箱中烤 1 小时 30 分钟。可在其中加入半杯水以防肉变干。

肉烤好后，将晾凉的肉和蔬菜全部放入碎肉机中绞碎，加入鸡蛋、萝卜碎、香菜碎、盐和胡椒粉，拌匀，然后放入糕点袋中备用。

把面粉和蛋黄放入行星搅拌机中，使之完全混合。然后将混合好的面团包上保鲜膜，放入冰箱，放置 30 分钟。取出面团，将其擀成 1 毫米厚的小面片作为饺子皮，取核桃大小的肉团放在每个面皮上，像包饺子一样使每个面皮包住肉馅。将包好的意大利饺子放在撒好面粉的托盘上，以防粘连。再把托盘放入冰箱备用。

小火将黄油在一个小锅里加热至融化，再向其中加入柠檬皮屑。然后慢慢添加 100 克水，用搅拌器搅拌，使其呈奶油状，并均匀顺滑。用盐和胡椒粉调味，做好后放入冰箱备用。从冰箱中取出意大利饺子，将其放入盐水中煮 2 分钟左右致其熟透，沥干，放入不粘锅中，与之前做好的奶油混合。混合过程中可添加几汤匙水，使它们更有光泽。

将意大利饺子放入汤盘中，加点芥菜苗，撒上咖啡粉即可。

## 奶酪烩饭和脆饼配咖啡碎、甜菜和西红柿
### 4 人份

### 配 料

甜菜叶 1 把、

西红柿 3 个、

卡纳罗利米 350 克、

甜高贡佐拉奶酪 200 克、

帕玛森干酪 120 克、

白葡萄酒 80 毫升、黄油 50 克、

盐适量、特级初榨橄榄油适量。

脆饼干原料：

蛋清 2 个、黄油 50 克、高筋面粉 50 克、

速溶咖粉啡粉 10 克、一撮盐。

精制咖啡碎原料：

杏仁粉 60 克、高筋面粉 60 克、黄油 115 克、

速溶咖啡粉 20 克、糖 5 克、蜂蜜 5 克。

### 制作步骤

洗净西红柿，在每个西红柿底部划十字刀，再放入大量沸水中煮约 10 秒钟，然后立即将它们投入冰水中冷却。剥皮，每个西红柿切成 4 块，去籽。将西红柿放入微波炉中，在 400 瓦功率下加热约 5 分钟使其脱水。

清洗甜菜叶并沥干水分，把杆切掉，将叶子放在盘子上。然后放入微波炉中，在 400 瓦功率下加热 2 分钟。如果叶子还不够软，则重复操作。将所有叶子擦干，然后将它们与西红柿一起用滤网压碎待用。

做脆饼需要在碗中放入室温下软化的黄油，再加入高筋面粉、蛋清、速溶咖啡粉和盐，搅拌均匀，直至面糊呈现均匀的咖啡色。将烤箱预热至 180℃，用烘焙纸覆盖烤盘，并在其上摊开约每个 2 毫米厚、10×4 厘米大小的脆饼糊，把它在烤箱中烤 8 分钟。

做精制咖啡碎需要将室温下软化的黄油放入碗中，再加入速溶咖啡粉、糖、蜂蜜，并搅拌均匀，在搅拌好的黄油混合物中加入混合面粉（杏仁粉和高筋面粉），每次一勺，形成粒状且有纹理的面糊。把面糊铺在烘烤盘中，盖上烘烤纸，在预热 160℃ 的烤箱内烘烤 20 分钟。每隔 5 分钟调整一次面糊，特别是中心部分，使之烘烤均匀。烤好后从烤箱中取出，在室温下冷却，这时的咖啡碎应该是松脆的。

将 8 升淡盐水倒入一个炖锅中煮沸。在另一个锅中加入 3 汤匙橄榄油把米炒至呈焦黄色，加少量盐，不断翻炒至完全收汁。之后倒入白葡萄酒一起煮，直至酒完全蒸发。向米粥中加几勺沸盐水继续搅拌，煮约 14 分钟。加水时请注意，要一点一点地加，不要加太多（烩饭煮熟时必须相当干燥）。最后向烩饭中加入黄油，搅拌，再加入甜高贡佐拉奶酪和帕玛森干酪，继续搅拌，直至烩饭变成奶油状。

将烩饭舀到盘子里，加入西红柿和甜菜叶碎、咖啡碎即可食用。将咖啡脆饼放在一边，搭配食用。

咖啡佳肴

## 八角南瓜配咖啡和覆盆子酱
### 4 人份

### 配 料
覆盆子 250 克、

糖 80 克、

半个柠檬的柠檬汁、

带皮有籽南瓜 500 克、

黄油 20 克、

精磨咖啡 5 克、八角 1 个、

特级初榨橄榄油适量、

牛至叶用于装饰。

### 制作步骤

把柠檬汁倒入覆盆子中，搅拌，过滤混合物以去籽。加入糖煮沸，并浓缩成酱。将其倒在硅胶烘烤垫上，放入预热至 75℃ 的烤箱中烘烤 3 个小时。

将 400 毫升水倒入深平底锅中，加入八角，煮 5 分钟。将南瓜切成小块，在黄油中煮 5 分钟。

将煮好的八角沥干水分后，放入南瓜黄油中，并向其中加少许盐，小火继续煮 30 分钟。冷却后搅拌，使酱汁顺滑光亮。

把热气腾腾的丝滑酱汁放入透明的碗中，撒上一些精磨咖啡，浇上覆盆子酱，并使之呈圆形。再用新鲜的牛至叶和几滴橄榄油装饰即可。

咖啡佳肴

## 红甘蓝烤鸭（咖啡牛油果孜然风味）
### 4 人份

## 配 料
鸭胸 2 整块、红甘蓝 1 棵、
琼脂、红酒醋、熟牛油果 3 个、
速溶咖啡粉 3 克、半个柠檬的柠檬汁、
特级初榨橄榄油 50 克、
孜然籽 5 克、大豆磷脂 10 克、
无水黄油 100 克、鼠尾草叶 4 片、
迷迭香枝 1 根、盐和胡椒适量。

## 制作步骤

将红甘蓝洗净切块，去粗梗。将其放入搅拌器中，每 100 克菜汁加入 2 克琼脂。用搅拌器搅拌均匀，煮沸。煮沸后的液体在冰箱中冷却 3 个小时。然后将菜汁搅拌成糊状。用滤网过滤，每 100 毫升菜糊中加入少许盐、2 汤匙橄榄油和 3 克红酒醋。

将牛油果切成两半，去皮。将果肉放入碗中，搅拌直至果糊醇厚。加入适量橄榄油、盐、柠檬汁和速溶咖啡粉，拌匀。将孜然籽用 500 毫升水文火煮 10 分钟，过滤并冷却。加入大豆磷脂并搅拌，以形成一层非常厚的泡沫。

将鸭胸切开，用刀在鸭肉上切方格刀花，鸭肉两面均撒上盐和胡椒粉。加热不粘锅，不放油，直接把鸭肉放到锅中，使鸭肉带皮的一面煎至焦黄。开中火，将鸭肉另一面煎至焦黄，同时加入黄油、鼠尾草叶和迷迭香枝。

将鸭肉放入预热 190℃ 的烤箱中烤 5 分钟。

将烤好的鸭肉切成相等大小的切片，用厨房纸擦干未熟部分渗出的鸭血。

将鸭肉放在一层薄薄的红甘蓝糊上，加一些牛油果糊和一勺孜然末。再加一点咖啡粉来装饰。

## 酒味野猪腿配巧克力和咖啡茄子
### 4 人份

### 配 料
野猪腿 800 克、芹菜茎 1 根、

胡萝卜 1 根、洋葱 1 个、大蒜 2 瓣、

黄油 100 克、白格拉帕酒 50 克、

樱桃酒 50 克、红酒 1 升、

月桂叶 1 片、迷迭香枝 1 根、

黑胡椒 3 粒、杜松子 3 颗、番茄酱 1 茶匙、

意大利香脂醋 30 克、

茄子 4 个、72% 浓度的巧克力 120 克、

速溶咖啡粉 3 克、盐和胡椒粉适量、

特级初榨橄榄油适量。

### 制作步骤
　　将野猪腿切成 5 厘米厚的肉块，撒上盐和适量胡椒粉，用黄油和 3 汤匙橄榄油把肉块炸成焦黄色。把芹菜茎、胡萝卜和洋葱切成小块。将切好的蔬菜放入加入少量橄榄油的锅中煎炒至颜色变成棕黄。将盐、胡椒粉、迷迭香、月桂叶、黑胡椒和杜松子放入锅中一并煎炒，使其颜色变深直到变棕，然后放入之前制备好的野猪腿肉。

　　往肉汁里倒入少许红酒，慢慢收汁。用木勺轻刮锅的底部，让焦煳味为酒带来特殊风味。将剩下的酒肉汁和酒倒入肉中，加入 2 杯水和番茄酱。加入大蒜，盖上锅盖煮 2 个小时，注意始终保持肉质湿润。将茄子洗净并切成 4 条，放入 180℃ 的烤箱中烤 45 分钟。

　　将香脂醋、樱桃酒和白格拉帕酒加入肉中，继续煮 40 分钟，直至肉质变软。将肉放在盘子里，用细网过滤器过滤酱汁，还可以用勺子将蔬菜压扁以榨出其味道，然后将酱汁加热使其浓稠。

　　在上菜之前，再次加热茄子，加少许盐和 2 汤匙橄榄油。把巧克力放入锅中融化，加入速溶咖啡搅匀。

　　将肉和茄子放在盘子两侧，再在上面倒一些巧克力和咖啡的混合酱汁。

咖啡佳肴

## 沙朗牛排配咖啡粉、菊苣、槟榔果和红辣椒
### 4 人份

### 配 料
沙朗牛排 800 克、

精磨咖啡 3 克、

菊苣 800 克、

槟榔果 15 颗、

红辣椒 2 根、

大蒜 1 瓣、

盐和胡椒适量、

特级初榨橄榄油适量。

### 制作步骤
清洗菊苣并去芽，摘出小且嫩的叶子，去掉较大的叶子。

将叶子在大量盐水中煮 3 分钟，在冷水中冷却并沥干。将沙朗牛排切成约 3—4 厘米厚，撒上盐和胡椒粉。将 3 汤匙橄榄油倒入不粘锅中，当油热时加入牛排煎至棕色。然后将肉放到预热至 200℃的烤箱中烘烤 4 分钟。

在另一个平底锅中倒入少许橄榄油，加入未剥皮的蒜瓣、切碎的槟榔果和红辣椒，在较低温下煎 2 分钟，使之变成褐色。

将用沸水烫过的菊苣也放入锅中，但不要使它们变成棕色。加些盐，撒上咖啡即可装盘。

将烤好的牛排切成小块，放在菊苣旁边。趁热享用。

咖啡佳肴

羔羊肉片配咖啡、黑胡椒、姜、面包屑和豆瓣菜沙拉
4 人份

## 配 料
法式羊腰背肉 800 克、
日式面包屑（PANKO）400 克、
精磨咖啡 20 克、黑胡椒碎 4 粒、
生姜 20 克、鸡蛋 4 个、牛奶 50 克、
高筋面粉 150 克、
玉米油 300 毫升（用于煎炸）、
净化黄油 50 克、豆瓣菜 2 把、
青柠 2 个、盐花适量、
特级初榨橄榄油适量。

## 制作步骤
将羊腰背肉切片，每片约 2 厘米厚。轻轻涂上油，然后将肉放在两张蜡纸之间。用肉锤把肉锤敲到 0.5 厘米厚，打开蜡纸，在肉的两面撒上一些盐。

将面包屑与黑胡椒碎、姜末和精磨咖啡混合。

在一个大碗中搅打牛奶和鸡蛋。

用面粉涂抹肉片，再将面粉涂抹好的肉片浸入蛋奶糊中，浸过蛋奶糊的肉片外裹一层面包屑。

将黄油和玉米油放入煎锅中对肉片进行煎炸。煎炸过程中要注意，每次煎肉片不宜过多，两片即可，待肉片煎至金黄色，即可出锅，置于厨房用纸上沥干多余的油。

将豆瓣菜洗净，取出较大的叶子不用，将其他完整的豆瓣菜嫩芽放在一边，稍后做沙拉用。

取厨房用纸擦干叶片，用一只青柠挤出的汁淋在叶片上，再在上面撒上青柠皮屑，然后倒上少许橄榄油和盐，沙拉就做好了。

将之前做好的肉片放在盘子上，骨头摆在同一侧，豆瓣菜沙拉堆放在旁边。

## 咖啡腌制金枪鱼配胡萝卜、紫苏叶和芝麻天妇罗
### 4 人份

### 配 料
大西洋蓝鳍金枪鱼 720 克、

咖啡豆 20 克、酱油 50 克、

米醋 10 克、红糖 50 克、

带茎胡萝卜 8 根、紫苏叶 16 片、

精磨咖啡粉 6 克、白芝麻 10 克、米粉 50 克、

高筋面粉 50 克、速溶咖啡粉 2 克、

500 毫升的苏打水 1 瓶、

花生油 300 克。

### 制作步骤

将 500 毫升水放入平底锅中，加入咖啡豆、米醋、酱油和红糖煮 3 分钟，过滤并冷却。

将金枪鱼切片，每片切约 3 厘米厚，放入前一步制备好的汤汁中腌 3 个小时。

混合面粉、白芝麻和速溶咖啡粉，搅拌，并缓慢倒入苏打水（必须是刚从冰箱中取出的温度），搅拌至浓稠（既不要太稠，也不要太稀）。放入冰箱中保持低温。

胡萝卜洗净并去皮，保留顶部绿色的茎。将每根胡萝卜包裹在铝箔中，每面都在烧烤架上烤 5 分钟。

从腌料中取出金枪鱼，然后用厨房用纸擦干。

将花生油加热至 180℃ 。

使用搅拌器制作金枪鱼天妇罗，将紫苏叶浸入制备好的面糊中。每次煎一个，每次煎约 1 分钟，直到全部松脆。用厨房用纸轻拍吸油。然后将金枪鱼放在很热的不粘锅中煎几秒钟，注意里面要生，但不要冷。

把胡萝卜上的锡箔纸去掉。在每个盘子上都摆一根胡萝卜、一些紫苏叶，在胡萝卜两侧按对角线放上略煎过的金枪鱼和天妇罗，再撒上精磨咖啡粉点缀，即可食用。

# 巧克力半球配咖啡慕斯和咖啡碎

4 人份

## 配 料

巧克力半球原料:

72%浓度的巧克力 300 克。

咖啡慕斯原料:

鲜奶油 400 克、咖啡粉 15 克、

糖 80 克。

咖啡碎原料:

低筋面粉 200 克、

黄油 90 克、糖 90 克、可可粉 15 克、

咖啡粉 25 克。

## 制作步骤

将巧克力放在 50℃的蒸锅中使之融化,然后倒出巧克力液,使之降温至 28℃,之后再加热到 31℃,这个过程将使巧克力富有光泽。

给 4 个迷你气球充气,将它们浸入融化的巧克力中。然后将"巧克力气球"放在一个小烤盘上,并在冰箱中存放 30 分钟。当巧克力冷却的时候,给气球放气,这样,稍后用于盛奶油和慕斯的巧克力半球就做好了。

做咖啡慕斯时,在大碗里将鲜奶油、咖啡粉和糖混合在一起,倒入慕斯虹吸管中。摇匀,再接电搅拌一下。然后把它放入冰箱冷藏 2 个小时。

做咖啡碎需将低筋面粉倒入锅中,在搅拌时,加入室温下的黄油、糖、可可粉和咖啡粉,搅拌至面糊呈颗粒状。把其放入 160℃的烤箱中烤 25 分钟,并不时地取出搅散。将咖啡碎从烤箱中取出,摊在烤盘上,让其在室温下冷却。

将咖啡碎撒在盘子里,然后加入装满慕斯的巧克力半球,再撒上一些咖啡碎即可食用。

咖啡佳肴

# 奶油布丁配咖啡酱和格兰尼它

### 4 人份

## 配 料

布丁原料：

鲜奶油 400 克、

全脂牛奶 200 克、

糖 100 克、明胶片 9 克。

咖啡格兰尼它：

意式浓缩咖啡 200 克、

糖 80 克、蜂蜜 10 克。

咖啡酱原料：

意式浓缩咖啡 250 克、细白砂糖 100 克

黄油 20 克、玉米淀粉 10 克。

## 制作步骤

做布丁时，将明胶片浸泡在冷水中几分钟，然后取出将其沥干，挤捏几下后倒入装有全脂牛奶、鲜奶油和糖的深平底锅中。将混合物煮沸，并用漏勺滤出，将其分装在透明玻璃模具中，并在冰箱中存放 3 小时。

做格兰尼它时，在深平底锅中倒入 200 克水，加入咖啡、糖和蜂蜜，搅拌，并用文火煮沸。将其倒入烤盘中，放入冰箱冷冻 1 小时。

搅拌混合物。用叉子将烤盘中的混合物打碎，然后将其放回冰箱中。重复该操作，直到它具有格兰尼它冰糕的稠度。

做咖啡酱时，在平底锅中混合黄油和玉米淀粉，混合搅拌使之松软，混合时还要加入细白砂糖和浓缩咖啡。全部混合好后放在火上煮 1 分钟，然后用保鲜膜封好放入冰箱冷藏 2 小时。

用搅拌器将咖啡酱充分搅拌，然后倒在之前分装了布丁的玻璃模具上，使之在布丁表面形成约 5 毫米厚的咖啡层。把格兰尼它放在一个单独的碗里，即可食用。

香草梨子和咖啡糖浆配酸奶片和甘草粉

4 人份

## 配 料

梨子原料：

梨 12 个、香草豆荚 1 个、

碎咖啡豆 8 克、白葡萄酒 500 毫升、

甘草根 1 棵、柠檬皮适量。


酸奶薄饼原料：

低筋面粉 260 克、全脂酸奶 260 克、

鸡蛋 2 个、蛋黄 1 个、糖 120 克、

活性干酵母 1 包。

## 制作步骤

将梨去皮并切下底部，使它们能直立。将梨放入深锅中，加入香草、咖啡豆、白葡萄酒、500 毫升水和柠檬皮，文火煮 50 分钟，让糖浆慢慢煮沸。然后取出梨，再取 1/3 糖浆，过滤，然后浇在梨上。

用精制磨碎机将甘草磨碎，然后将粉末放在碟子里。

搅拌鸡蛋、蛋黄和糖，然后加入全脂酸奶。在另一个碗里混合低筋面粉和活性干酵母，随后将它们筛入酸奶混合物中。将烤箱预热至 170℃，把酸奶混合物放入挤奶油用的裱花袋中，然后将混合物以薄片的形式挤在覆盖有 8×4 厘米羊皮纸的烤盘上，烘烤约 10—12 分钟。

在上菜之前，把梨加热。将梨放入碗中，把剩下的糖浆浇在上面。将新鲜出炉的烤酸奶片放在一侧，再在上面撒上少许甘草粉即可上桌。

咖啡佳肴

# 咖啡意式冰淇淋蛋糕配酢浆草、肉桂海绵蛋糕和面包碎

4 人份

## 配 料

意式冰淇淋蛋糕原料：

蛋清 2 个、细白砂糖 65 克、

百花蜂蜜 20 克、速溶咖啡粉 50 克、

鲜奶油 250 克、

酢浆草嫩芽少许（用于装饰）。

肉桂海绵蛋糕原料：

鸡蛋 1 个、蛋黄 2 个、

糖 50 克、百花蜂蜜 10 克、

面粉 30 克、

玉米油 20 克、全脂牛奶 8 克

肉桂粉 3 克。

面包碎原料：

面粉 70 克、红糖 35 克、

冷黄油 55 克。

## 制作步骤

做意式冰淇淋蛋糕需要将细白砂糖、40 克水和蜂蜜倒入深平底锅中搅拌。然后用中火煮，使之温度达到 121℃。将部分蛋清倒入混合器中，再趁热慢慢加入刚刚调制的糖浆，一直打浆使之变得质密结实。继续打浆，直到蛋清的温度达到室温。

将混合物放入冰箱冷却。向鲜奶油里加入速溶咖啡粉并搅拌。再加入剩余的蛋清搅打，搅匀后将混合物放入需要的模具中。在 –18℃ 的温度下冷冻至少 4 小时。

将酢浆草嫩芽洗净并晾干。将它们先用两张湿润的厨房用纸上下包住，然后放在带盖子的容器中放进冰箱。

做肉桂海绵蛋糕需要将鸡蛋、蛋黄、糖和蜂蜜在碗中混合，不断搅拌，同时加入玉米油（留出一少部分待用）、全脂牛奶和肉桂粉。然后再慢慢加入筛过的面粉，搅匀，注意要避免结块。将混合物倒入慕斯虹吸管中，然后在冰箱中冷却 4 个小时，冷却过程中不时摇动虹吸管。

用少量玉米油涂抹冰淇淋杯。将肉桂泡沫喷入杯中，多半杯即可，然后在微波炉中以 800 瓦加热 1 分钟。冷却后，将海绵蛋糕从冰淇淋杯中取出。

做面包碎需要将红糖、冷黄油和面粉混合搅拌，直到面团有颗粒感。把面团放入平底锅中，在 160℃ 的温度下加热 20 分钟，偶尔转动锅使之均匀受热。

将意式冰淇淋蛋糕放在盘子中央，底部周围撒一些肉桂海绵蛋糕块。加入酢浆草，其新鲜的酸性气味与肉桂搭配非常完美。再撒上一些面包碎，为甜点增添爽脆的口感。

# 咖啡舒芙蕾配咖啡和杜松子冰淇淋

## 4 人份

## 配 料

咖啡和杜松冰淇淋原料：

蛋黄 5 个、

细白砂糖 100 克、

牛奶 500 克、

柠檬皮屑少许、

碎杜松子果 8 粒、

速溶咖啡粉 15 克、

香草荚 1 个、

鲜奶油 500 克。

舒芙蕾原料：

牛奶 220 克、

面粉 50 克、

速溶咖啡粉 8 克、

黄油 45 克、

蛋黄 3 个、

蛋清 3 个、

细白砂糖 60 克。

## 制作步骤

做冰淇淋时，将蛋黄和细白砂糖放入碗中搅拌。在牛奶中放入柠檬皮屑、速溶咖啡粉、4个压碎的杜松子果和香草，并上火使其快速煮沸。将煮好的牛奶倒入蛋黄混合物中，充分搅拌以避免结块。

将装有混合物的碗放入蒸锅中，加热至 82℃，在加热过程中要时刻用橡胶刮刀搅拌以避免其与容器相粘连。向蒸完的混合物中加入鲜奶油，搅拌，然后将其放入冰箱冷却 4 个小时，使之凉透，之后用过滤器过滤。

将制备好的混合物直接放入冰淇淋机中凝固，或者将其置于冰箱中冷冻成固体。将冻好的"冰淇淋"切成方块，搅打成细腻的奶油冰淇淋。

做舒芙蕾时，将黄油放入深平底锅中使其融化，并在搅拌的同时逐渐加入面粉。搅拌均匀后加热 1 分钟，然后立即用冷牛奶搅拌。一直搅拌以避免结块。搅拌好后开火煮，煮沸后改小火再煮 3 分钟，关火后搅拌均匀，再加入速溶咖啡粉。

搅拌几分钟后加入蛋黄和细白砂糖，蛋清打发后也放进去，拌匀。将模具用黄油润滑并倒入准备好的舒芙蕾糊（约磨具的多一半），然后放在 200℃的烤箱中烘烤 20 分钟。

把剩余的杜松子弄碎。

从烤箱中取出舒芙蕾，不要从模具中取出，因为舒芙蕾仍然会膨胀，此时即可食用。将冰淇淋放入另一小碗中，撒上一些杜松子粉即可搭配上桌。

作者简介

**路易吉·奥迪罗**，生物学家、记者，奥迪罗协会（Odello Associati）的创始人，意大利品鉴师协会主席，国际咖啡品鉴师协会主席，意大利评级机构和国际巧克力研究所首席执行官，意大利咖啡协会秘书长，国际感官分析学会秘书，爱比西斯咨询公司和格拉巴国家研究所（Absis Consulting and Grappa National Institute）董事会成员，以及感官新闻（Sensory News）、咖啡品鉴师（Coffee Taster）和格拉巴新闻（Grappa News）董事。路易吉·奥迪罗在感官分析和企业创新实施方面，特别是在神经语言组织和沟通分析领域，积累了丰富的经验。他每年在大学讲课 300 学时，指导和共同指导 90 多篇学位论文，著作颇丰。他已完成 19 部著作，与很多重要的专业杂志合作，并在意大利国内外的众多会议上做报告。

**法比奥·佩特罗尼**，一名受过专业训练的摄影师，与该领域众多的专业人士都有过合作，专攻肖像和静物摄影。多年来，他拍摄了意大利文化、医学、经济等领域的领军人物，并与一些知名的广告公司合作，为多个国际知名公司创作广告。他亲自策划了意大利重要品牌的形象设计。他还是国际骑手俱乐部（IJRC）和青年骑士学院（Young Riders Academy）的指定摄影师。他与白星出版社签订了多本著作的出版协议。其工作室网址：www.fabiopetronistudio.com。

**乔瓦尼·罗吉尔里**，1984 年出生于伯利恒，在皮埃蒙特长大。曾在许多"星级"厨房进行过专业培训，例如阿尔巴（Alba）的多莫广场（Piazza Duomo）酒店和特伦托（Trento）的 Scrigno del Duomo 酒店。现在任米兰布雷拉区中心的优雅餐厅 Refettorio Simplicitas 的厨师。罗吉尔里崇尚简单，专攻新法，强调正宗应季。他制作的菜肴遵循最地道的传统，就地取材。他的烹饪风格讲究简单、静心、平衡和节制。

## 如何学习咖啡品鉴

　　国际咖啡品鉴协会（International Institute of Coffee Tasters，Iiac）是一家非营利性机构，仅受其会员会费支持。其目的是研究和传播咖啡感官评估的科学方法。一直专注意式咖啡这一意大利制造的象征，不断完善专业的品鉴方法。自1993年创立以来，Iiac已经开设了数百个意式咖啡品鉴课程，吸引了世界各地的运营商和咖啡爱好者参加。1999年，Iiac创建了意大利浓缩咖啡专家课程，为咖啡店工作人员提供相关资格认证。2005年开始授予咖啡科学和感官分析专业硕士学位。2012年，开设意大利浓缩咖啡培训师项目，培养意大利咖啡大使。Iiac的研究活动得到了一家高级科学委员会的支持。意大利浓缩咖啡品鉴手册有意大利语、英语、德语、法语、西班牙语、葡萄牙语、俄语、日语、中文、泰语和韩语版本。

　　课程和活动的相关信息，请访问：www.assaggiatoricaffe.org。

## 参考书目

Luigi Odello, Carlo Odello, *Espresso Italiano Tasting* (edition I), Centro Studi Assaggiatori, 2001
Luigi Odello, Carlo Odello, *Espresso Italiano Tasting* (edition II), Centro Studi Assaggiatori, 2017
Luigi Odello, *Espresso Italiano Roasting,* Centro Studi Assaggiatori, 2009
Luigi Odello, *I cru del caffè,* Centro Studi Assaggiatori, 2013
Luigi Odello, Manuela Violoni, *Sensory analysis. The psychophysiology of perception*, Centro Studi Assaggiatori 2017
Silvano Bontempo, *Dal chicco alla tazzina un piacere senza confini,* L'Assaggio
Manuela Violoni, *Il cappuccino italiano certificato,* L'Assaggio
Francesco and Riccardo Illy, *The Book of Coffee: A Gourmet's Guide*, Abbeville Pr
Antonio Carbè, *Il caffè nella storia e nell'arte* (seconda edizione), Centro Luigi Lavazza
Maria Linardi, Enrico Maltoni, Manuel Terzi, *Il libro completo del caffè*, DeAgostini.

# 图片来源

第 8 页：Jeremy Woodhouse / Blend Images / Getty Images

第 13 页：Nattika / Shutterstock

第 16 页：Robert George Young / Getty Images

第 18—19 页：Maximilian Stock Ltd./Getty Images

第 20 页：Ann Ronan Pictures/Print Collector/Getty Images

第 22—23 页：Nenov / Getty Images

第 24 页：Fine Art Images/Heritage Images/Getty Images

第 25 页：Neil Fletcher 和 Matthew Ward / Dorling Kindersley / Getty Images

第 27 页：Jesse Kraft / 123RF

第 28 页：Reza / AGF / Hemis

第 40—41 页：John Coletti / Getty Images

第 42—43 页：Dick Davis / Science Source / Getty Images

第 44—45 页：Ed Gifford/Royalty-free/Getty Images

第 46 页：Alvis Upitis/Passage/Getty Images

第 48—49 页：Ze Martinusso/Moment Open/Getty Images

第 50—51 页：Oleksandr Rupeta/NurPhoto/Getty Images

第 52—53 页：Paula Bronstein/Getty Images

第 54—55 页：Bartosz Hadyniak/E+/Getty Images

第 57 页：Gentile/Corbis Documentary/Getty Images

第 58—59 页：Reza/Getty Images

第 60—61 页：Reza/Getty Images

第 64—65 页：Reza/Getty Images

第 74 页：alextype/123RF

第 76 页：Robert Przybysz/123RF

第 78—79 页：Vladimir Shulevsky/StockFood Creative/Getty Images

第 156 页：Evannovostro/Shutterstock

第 163 页：republica/E+/Getty Images

第 165 页：Popperfoto/Getty Images

第 189 页：ansonsaw/E+/Getty Images

第 191 页：StockFood/Getty Images

封面和封底：Joseph Clark / Getty Images

其他所有图片均由法比奥·佩特罗尼提供。

# 致 谢

编辑衷心感谢以下单位和人员对本书的出版提供了十分宝贵的协作和支持：

感谢米兰妮公司（MILANI S.p.A.）和伊丽莎白·米兰妮（Elisabetta Milani）协助图片拍摄。

感谢姆玛克学院（Mumac Academy）和辛巴立集团公司（Gruppo Cimbali S.P.A.），以及路易吉·莫莱罗（Luigi Morello）和菲利珀·马佐尼（Filippo Mazzoni）在图片制作方面提供的支持。

感谢品酒师学习中心（The Taster Study Centre）。

感谢法比奥·佩特罗尼的助手西蒙尼·贝尔加马斯基（Simone Bergamaschi）。

感谢厨房助理达维德·卡诺尼卡（Davide Canonica）。

感谢科莫法杰托拉廖酒店（Villa Giù of Faggeto Lario, Como）提供乔瓦尼·罗吉尔里大厨食谱。

## 图书在版编目（CIP）数据

这才是咖啡 / 意大利白星出版社主编；曹井香译
. -- 北京：中国摄影出版传媒有限责任公司, 2019.5
书名原文：Coffee Sommelier：A Voyage Through
Culture and Rites of Coffee
ISBN 978-7-5179-0864-7

Ⅰ. ①这… Ⅱ. ①意… ②曹… Ⅲ. ①咖啡 – 基本知
识 Ⅳ. ① TS273

中国版本图书馆 CIP 数据核字 (2019) 第 096539 号
----------------------------------------------------
北京市版权局著作权合同登记章图字：01-2018-5719 号

WS White Star Publishers® is a registered trademark property of White Star s.r.l.
2018 White Star s.r.l.
Piazzale Luigi Cadorna, 6
20123 Milan, Italy

## 这才是咖啡

编　　者：【意】白星出版社
译　　者：曹井香
出品人：高　扬
策划编辑：张　韵
责任编辑：丁　雪
装帧设计：冯　卓
出　　版：中国摄影出版传媒有限责任公司（中国摄影出版社）
　　　　　地址：北京市东城区东四十二条 48 号　邮编：100007
　　　　　发行部：010-65136125　65280977
　　　　　网址：www.cpph.com
　　　　　邮箱：distribution@cpph.com
印　　刷：北京汇瑞嘉合文化发展有限公司
开　　本：16 开
印　　张：15
版　　次：2019 年 7 月第 1 版
印　　次：2019 年 7 月第 1 次印刷
ISBN 978-7-5179-0864-7
定　　价：168.00 元